図解 つくる電子回路

正しい工具の使い方、うまく作るコツ

加藤ただし 著

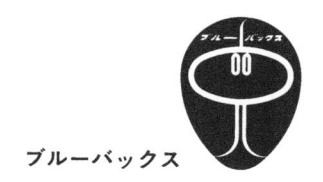

ブルーバックス

●カバー装幀／芦澤泰偉・児崎雅淑
●カバーイラスト・扉・もくじデザイン／中山康子

はじめに

　本書は、電子回路を試作するときの「手の使い方」に着目した入門書です。

　初めて電子回路を作ろうと思ったとき、多くの人は「組み立てキット」と呼ばれる商品を購入します。もちろん、すべての設計が終わっているもので、回路図から電子部品、プリント基板まで一式がパッケージに入っています。

　キット製品のよいところは、「必ず動く」という点です。組み立て手順書にしたがって正しく部品配置していれば、よほどハンダ付けに大きな欠陥がない限り、すぐに動作不良を起こすことはないでしょう。しかし、ほとんどのキットは、工具の使い方やハンダ付けの正しい手順が理解できていることが前提で作られています。その上、回路の動作や定数の算出を通り越してたんに完成させることだけが主たる目的となっており、たとえ100個のキットを組み立てたとしても、その回路設計の苦労を知ることはできません。本来の「電子回路試作」の手順を身につけることもできません。

　一方、本書が対象としている読者は、電子回路を描くところから、つまり何もない白紙の状態から長期間安定に動作する試作品を作りたいという方々です。

　これまで私は、電子回路という分野に興味をいだく方々に、電子回路の魅力を伝え、教材を提供するため、『図解・わかる電子回路』と『CD-ROM付　電子回路シミュレータ入門』という2つのブルーバックス執筆に関わってきました。これらは、机上で電子回路の動作原理・定数算出方法を学び、パソコ

ン上でシミュレートするための本でした。

　しかし、電子回路を学ぶときにもっとも喜びを感じるのは、「本物」が動作したときです。悩みぬいて設計した回路が実際に動作したときの感動は、ことばでは言い表すことができません。それでは、電子回路の動作原理や理屈さえわかっていれば、すみやかに「本物」を手にすることができるものなのでしょうか？　答えは「NO」です。

　確かに、試作用のユニバーサル基板と電子部品を選んで、自己流のハンダ付けを行えば、配線作業を進めることができます。しかし、長期間、安定に動作する電子回路を試作するには、作るための準備やトレーニングが必要です。また、工具の使い方しだいで、仕上がった外観も変わってしまいます。

　私は、日常的に電子回路の試作を学生に指導していますが、そのときに気づくことは、彼らの「指の動き」がぎこちないことです。作っているときに、「何をすべきか」はわかっていても「指をどう動かせばよいのか」がわからないと、作業スピードが遅くなるばかりではなく、作業の正確さや見た目の「美しさ」も低下してしまいます。電子回路の試作においても「美しさ」は品質を意味するものであると信じています。

　そうした教育現場の経験から、あえて電子回路を作るときの「手の使い方」を執筆することにしました。何もない白紙の状態から回路図を描き、少しずつ部品や工具をそろえながら、乾電池で手軽に動作する電子回路を組み立てます。

　「あまりにも初歩的」というご指摘は、あえて受けようと考えています。その理由は、本書の原稿を過去３年間にわたって授業で使用し、効果を上げているからです。

　内容として取り上げたのは、「ブレッドボード」と「ユニバーサル基板」です。大量生産に使われるプリント基板には、触

れていません。プリント基板の製作に必要な、銅箔(どうはく)のパターン設計やエッチング作業は、それを職業にする方々が学習する分野です。

　工業製品としての電子回路はプリント基板ですが、「電子回路を学ぶ」段階では、できるだけ「手間をかけ、手を汚す」ことが上達につながるのです。

　1つご容赦いただきたいのは、本書で述べた「指の使い方」が「私流」であるという点です。学生時代と企業経験を含めると、電子回路の試作は約30年間ですが、その間に「教科書どおりの方法」のいくつかを自分流に変えてしまいました。ですから、私のやり方が不適切であると思われたら、読者自身でやり方を改善してください。自分で作り方を開発するのも、電子回路製作の楽しみ方であると考えているのです。

　既刊の2冊と本書をきっかけに、今後とも多くの電子回路技術者が生まれてくることを願うしだいです。

2007年3月　加藤ただし

※本書に掲載した電子部品や工具の型番は、あくまで筆者が独自に選んだもので、工具についても日常的な愛用品です。
　特にこれらの機種を推奨するわけではありませんし、生産が中止されることもあります。
　そのため、読者の皆様には、本書の記載事項にとらわれることなく、ご自身の判断で部品・工具を選定し、購入いただきますようお願いいたします。

もくじ

はじめに 3

第1章
電子回路を設計する 11

- 1.1 回路図を描く 12
- 1.2 電子部品に名前を付ける 15
- 1.3 動作原理を考える 18
- 1.4 動作が見えるように改造する 26
- 1.5 電源方式を決める 27
- 1.6 リード部品かチップ部品か? 29
- 1.7 LEDランプ 30
- 1.8 トランジスタ 34
- 1.9 点滅周期の計算 38
- 1.10 カーボン抵抗器 41
- 1.11 コンデンサ 48

第 2 章
腕と道具をそろえる 55

- 2.1 ユニバーサル基板 56
- 2.2 カーボン抵抗器を曲げる 62
- 2.3 ラジオペンチでカーボン抵抗器を曲げる 68
- 2.4 トランジスタをフォーミングする 74
- 2.5 電線の基礎知識 79
- 2.6 熱可塑性樹脂 81
- 2.7 電線の被覆をはぐ 84
- 2.8 ハンダ付けの基礎知識 88
- 2.9 ハンダ付けに必要なもの 93
- 2.10 ハンダ付け作業の基本 103

- **2.11 カーボン抵抗器を取り付ける** 108
- **2.12 複数の部品を効率よく付ける** 118
- **2.13 ICソケットを取り付ける** 123
- **2.14 より線にハンダメッキする** 129
- **2.15 より線をランドに付ける** 132
- **2.16 ハンダを吸い取る** 136
- **2.17 ノギスで測る** 138
- **2.18 マイクロメータで測る** 145

第3章 ブレッドボードで組む 151

- **3.1 ブレッドボードのしくみ** 152
- **3.2 無安定マルチバイブレータを作る** 162

第4章
ユニバーサル基板で作る 177

- 4.1 製作の方針を決める 178
- 4.2 無安定マルチバイブレータを作る 183
- 4.3 ICパターンのメリット・デメリット 192
- 4.4 スズメッキ線を部品化する 193
- 4.5 ICパターンのユニバーサル基板を使う 196

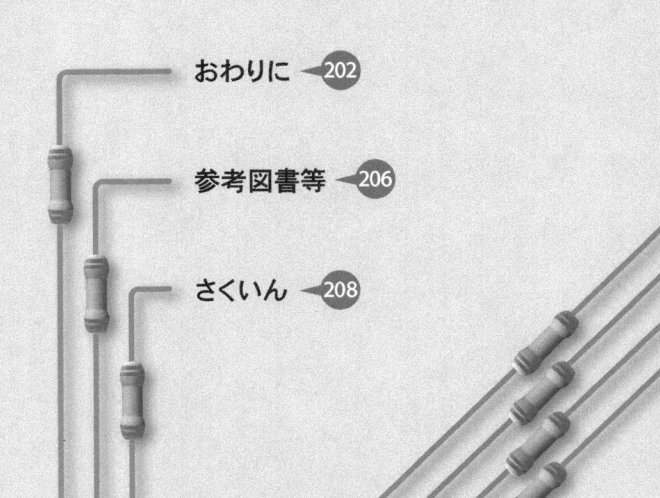

おわりに 202

参考図書等 206

さくいん 208

第1章
電子回路を設計する

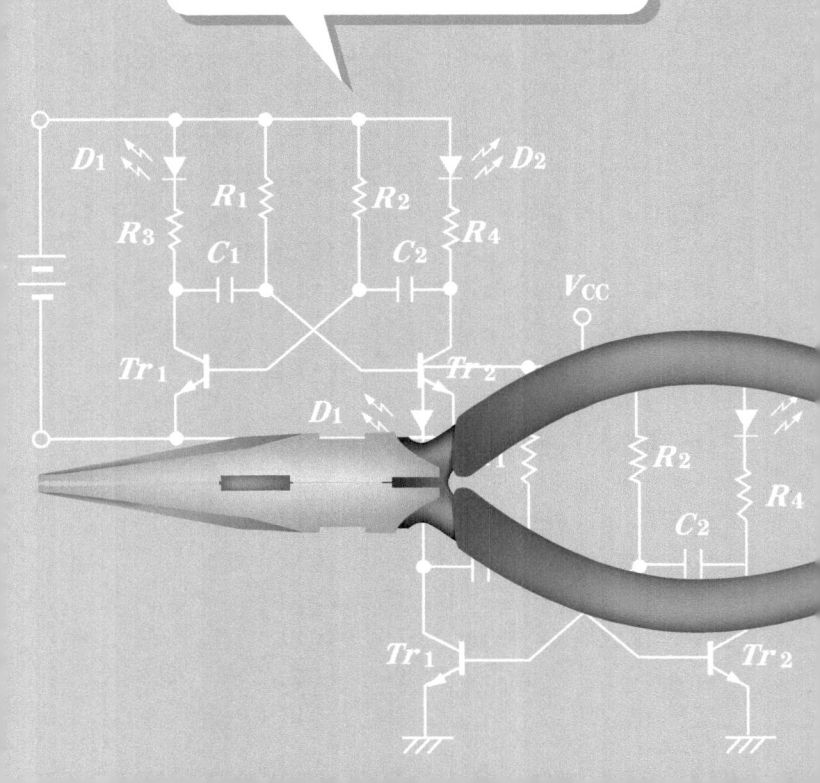

電子回路を作るときに最も重要なことは、いま作ろうとしている回路の動作原理と設計手順が理解できているという点です。作り終わったときの配線チェックや、もし動かなかったときの原因を考えることができ、修理が容易になるからです。

　ただし、電子回路という分野は、古くからの基本回路を変更したり、組み合わせたりすることによって、数え切れないほどの電子回路を設計することができます。また、そもそも電子回路の中で伝達されているさまざまな電気信号は目に見えないものです。

　そこで本書では、「ゼロから作る」立場から、高価な計測器や器具を必要としない電子回路を1つだけ選ぶことにしました。それは、「無安定マルチバイブレータ」と呼ばれる発振回路です。

　無安定マルチバイブレータは、小信号タイプのトランジスタを2つ使ったもので、電源投入と同時にパルス波形の発生が始まるひじょうに基本的な発振回路です。しかし、「なぜ発振するのか？」をやさしく説明するのが意外に面倒です。

　第1章では、基本的な回路構成を描いた後、動作の様子を直接、ランプの点滅で見ることができるように改造し、必要な部品を選んでいきます。

1.1　回路図を描く

　まず、テーマとして選んだ無安定マルチバイブレータの回路構成を描いていきます。

　回路構成を表現した図のことを回路図といいます。

　回路図は、電子回路を抽象的な記号の組み合わせで表現した図面です。回路図の構造はいたってシンプルで、電子部品を表す「図記号」を、配線を表す「線」と接続点を表す「黒丸」で

第1章 電子回路を設計する

接続した図面です。「黒丸」は、点ではありません。正円を描いて、きちんと黒く塗りつぶします。

図1.1が、無安定マルチバイブレータです。

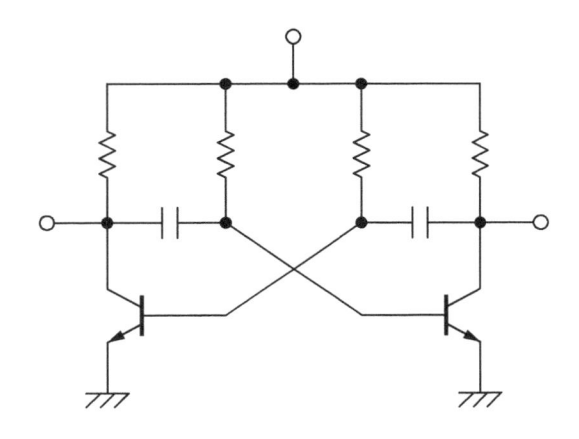

図1.1 無安定マルチバイブレータの回路構成

この図には、まだ、図記号と線と黒丸、それに端子を表す白丸しかありません。しかし、ここまで描くまでに、以下のルールを理解しておく必要があります。

①電源電流は上から下に流れる

回路図を描くときは、電源電流を川の水に見立てます。図の上方は上流、下方は下流です。

図1.1の場合、一番上の白丸は電源、一番下の斜線記号2つはグラウンド（0Vライン）を意味します。電源から流れ出た電流は、4つの抵抗器と2つのトランジスタを経由して、グラウンドに到達することがわかります。

②配線の交差が少ない

　線と線が交差している部分が1箇所だけあります。アルファベットのXの形をした部分です。これは、立体的に電線が交差していることを表します。電気的にはつながっていません。

　ここに、黒丸が描かれていないことが重要です。逆に、黒丸の大きさがまちまちだったり、極端に小さかったりすると、配線作業のときに誤った判断をすることになります。

　また、交差する部分が多いと、見間違いが生じやすいため、設計の段階で、できるかぎり少なくするように工夫しましょう。

③電気信号は左から右に流れる

　電子回路では、主要な信号が左から右に流れるように描くことが原則です。この原則を心得ていれば、どんなに複雑な回路図であっても、まず左端から動作原理を考えることができます。

　また、この原則は配線作業にもあてはまります。左端には信号の発生源があるわけですから、左から段階的に作業を進めることで、作業途中での動作テストを行うことができます。着実に完成へと近づくことができるわけです。

　では、**図1.1**は原則に基づいて描かれているでしょうか？

　無安定バイブレータは、正確に左右対称の形をもつ数少ない回路構成の1つです。本来は、1箇所からパルスを発生させてそれを利用するが目的のディジタル回路ですから、左右の白丸のうち左側を削除すると、原則にあてはまることがわかります。

　また、電子回路の中には、ループ状になっていて、**図1.2**のように回路図の右方向からUターンすることもありますか

ら、すべての信号が左から右へ流れていくわけではありません。しかし、配線作業で段階的なチェックをするためにも、主要な信号経路は、左から右へ流れるように描くことが重要です。

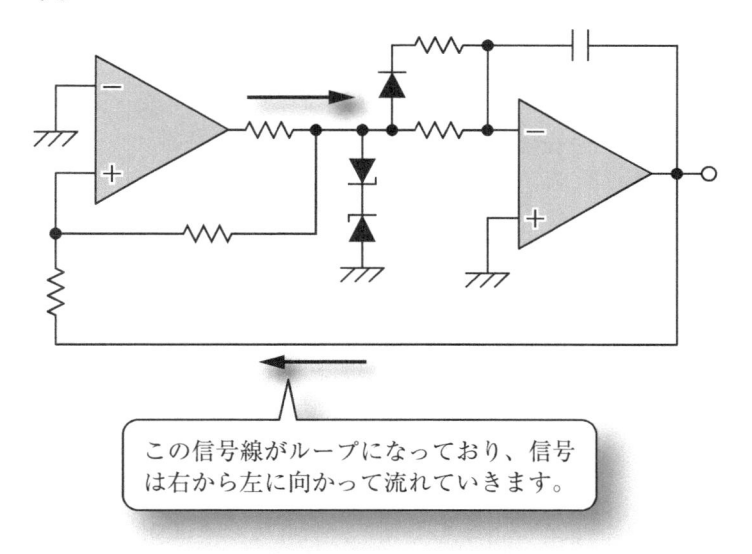

> この信号線がループになっており、信号は右から左に向かって流れていきます。

図1.2 鋸歯状波（のこぎり波）発振回路のループ

1.2 電子部品に名前を付ける

回路図で使われる図記号は、それぞれが役目を持っているため、区別しておく必要があります。それが「参照名」と呼ばれる電子部品の名前です。

参照名は、部品の種類を表すアルファベットと通し番号の組み合わせで表すのが一般的ですが、おおむね**表1.1**のようなアルファベットが使われます。小さな数字が、各部品の通し番

号です。下付きの小さなアルファベットについては、後述します。

フォント（書体）はさまざまですが、工学の分野では、同じアルファベットを異なる意味で併用することがしばしばですから、参照名をイタリック（斜体）に統一して区別することが多いようです。

また、アルファベットの部分は2文字までが一般的で、むやみに文字数を増やすものではありません。

表1.1 電子回路で使われる参照名の例

参照名	電子部品などの意味
R_1	抵抗器
C_1	コンデンサ
L_1	コイル
VR_1	可変抵抗器
CN_1	コネクタ
SW_1	スイッチ
D_1	ダイオード、LED
Tr_1	トランジスタ
IC_1	IC
V_{CC}	電源（トランジスタ用）
e_1	出力端子（波形観測用）

このルールにしたがって、**図1.1**に参照名を書き加えると、**図1.3**のようになります。

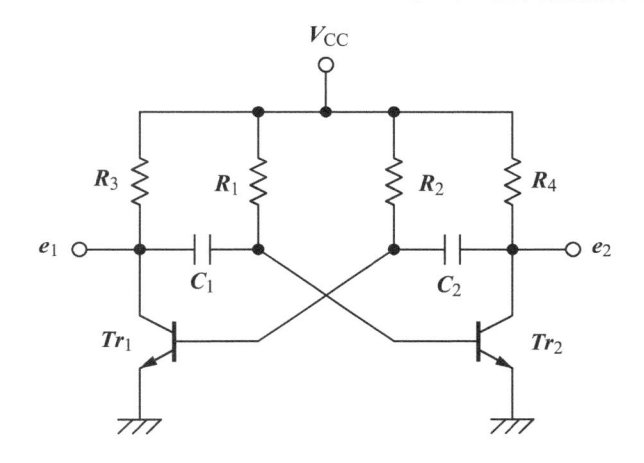

図1.3 参照名を書き加えた回路図

ところで、電源を表すV_{CC}という参照名に、興味を持たれた方がいらっしゃるのではないでしょうか？

電子部品であれば、総称を表す英単語の頭文字と、複数の部品をそれぞれ区別する数字の組み合わせによって決められたと理解できます。

一方、電源とグラウンドについては、その回路で使われている半導体の種類に応じて、表記方法が決められています。

表1.2が、その代表的なものです。

表1.2 電源端子の参照名

参　照　名		参照名の意味
トランジスタを用いた回路	FETを用いた回路	
V_{CC}	V_{DD}	正電源
V_{EE}	V_{SS}	負電源またはグラウンド

ここで、各参照名に使われているアルファベットの由来は、以下のとおりです。

V ⇒ Voltage
V_{DD}のD ⇒ Drains
V_{SS}のS ⇒ Sources
V_{CC}のC ⇒ Collectors
V_{EE}のE ⇒ Emitters

図1.3の場合、グラウンドについては図記号を使っています。直流回路では、すべての信号がグラウンドを基準にして扱われ、そこに接続される電子部品も多いため、図記号を用いて簡略化するのです。

一方、電源側もグラウンドと同様の性格がありますが、特にディスクリート部品（トランジスタやダイオードなどの個別部品）が多く使われた電子回路で、電源電流の流れ方を把握しやすくするため、あえて横線でつないで描くことがあります。

図1.3も、抵抗器の上部をばらばらにするより、横線でつないだ方が見やすいのです。

1.3　動作原理を考える

私たちは通常、電子回路について、電源を投入してから定常状態になったとき、つまり安定に動作してからの動作原理や消費電流に関心を持ちます。

実際に電子回路を動作させて、それを利用しているときには何も問題ないことですが、初めて設計して試作するときには、電源を投入した直後に何が起きているのかを、できるだけ検討する習慣を付けましょう。

電子回路は複数の電子部品で構成されていますが、その場所によって、電源投入時点から電源電流が通過するまでの時間が

異なります。大規模な電子回路では、時間差も大きくなります。

また、その影響で、同じ電子回路の中でノイズを与え合って誤動作することもあるのです。そうしたときの対策を講じるとき、あらかじめ電源投入時の動作を理解しておくと、役に立ちます。

それでは、無安定マルチバイブレータの動作原理を、机上でシミュレートしてみましょう。

①ベース電流が流れる

図1.4は、電源を投入した直後の電流を表したものです。

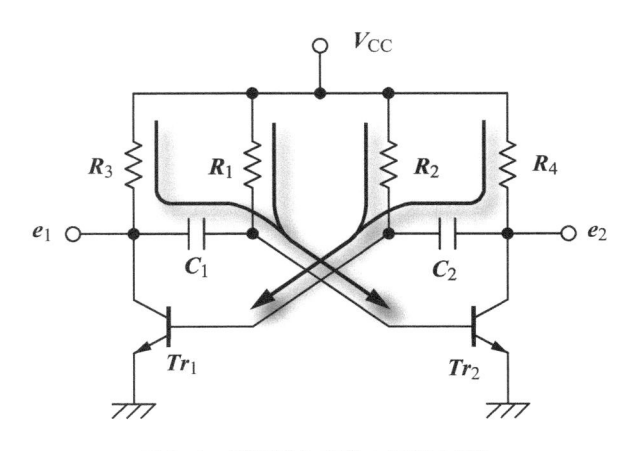

図1.4 電源投入直後の電流の流れ

V_{CC}からは4つの道に分かれて電流が流れます。
(1) R_1を通ってTr_2のベース端子へ（連続的）
(2) R_2を通ってTr_1のベース端子へ（連続的）
(3) R_3とC_1を経由してTr_2のベース端子へ（瞬間的）

(4) R_4 と C_2 を経由して Tr_1 のベース端子へ（瞬間的）

これらのベース電流は、ほぼ同時に流れます。

②トランジスタがONする

①のベース電流によって、2つのトランジスタもONします。このとき、各トランジスタは、飽和領域で動作するスイッチとして扱います。

また、ベース電流が流れるときに、コンデンサ C_1 と C_2 では充電が始まりますが、ここを通過する直流電流はやがてなくなります（**図1.5**参照）。

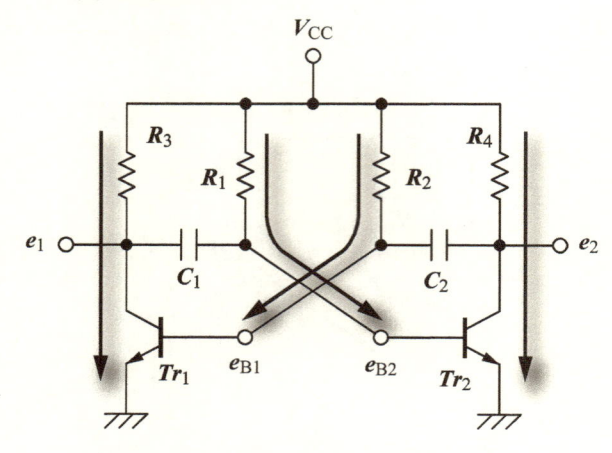

図1.5 両方のトランジスタがONする

一方、電圧について見てみると、Tr_1 と Tr_2 がONすることによって、e_{B1} と e_{B2} には、ベース・エミッタ間飽和電圧 $V_{BE(sat)}$（(sat) は飽和（saturation）を表す）が現れ、e_1 と e_2 の電圧は、コレクタ・エミッタ間飽和電圧 $V_{CE(sat)}$ になります。ここまでの様子が**図1.6**です。

第1章 電子回路を設計する

e_{B1}

小信号用トランジスタのベース・エミッタ間飽和電圧 $V_{BE(sat)}$ は、0.6から1.0Vぐらいです。

e_1

e_{B2}

小信号用トランジスタのコレクタ・エミッタ間飽和電圧 $V_{CE(sat)}$ は、0.1V程度です。

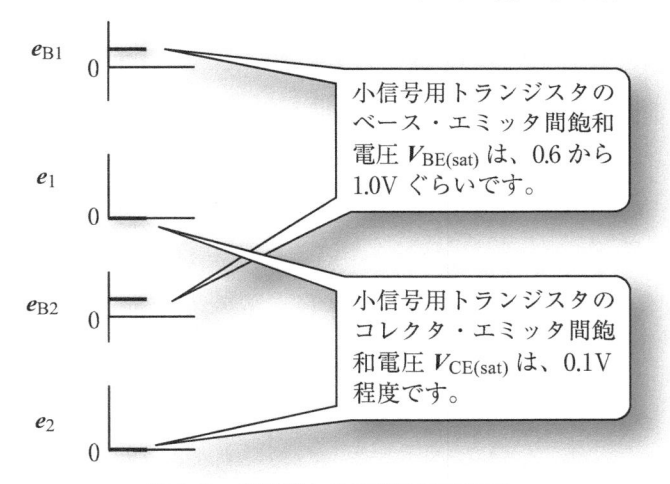

e_2

図1.6 ①段階と②段階の電圧波形

③いずれかのトランジスタがOFFする

②の動作の直前に C_1 と C_2 には、充電による電荷が蓄えられており、その端子間電圧はおよそ V_{CC} ですが、2つのトランジスタが同時にONしたことによってコンデンサの e_1、e_2 側端子の電位が急激に0Vへ変化します。

このとき、R_1 と C_1、R_2 と C_2 がそれぞれ微分回路を構成しているために、グラウンドから見た e_{B1} と e_{B2} の電圧（ベース電圧）は、マイナス側にまで下がります。

これは逆バイアスですので、原理的には、2つのトランジスタがOFFするはずです。

ところが、ここには矛盾があります。例えば、e_{B1} の電圧がわずかな時間差によって先に引き下げられたとすると、Tr_1 が先にOFF状態になります。すると、R_3 と C_1 を経由して、また

R_1 を通って Tr_2 のベース電流が流れ続け、Tr_2 をONし続けるわけです。

もし、ここでいう「わずかな時間差」が一時的にゼロだったとしても、電源 V_{CC} から供給されるベース電流が止まることがありませんので、いずれは、お互いのトランジスタがスイッチし合う関係になります。「電子的なシーソー」といえます。

話を戻しますが、2つのトランジスタが同時にONした直後、微分回路の機能によって Tr_1 または Tr_2 のどちらか早い方がOFFします。**図1.7** と **図1.8** が Tr_1 がOFFしたときの瞬間です。

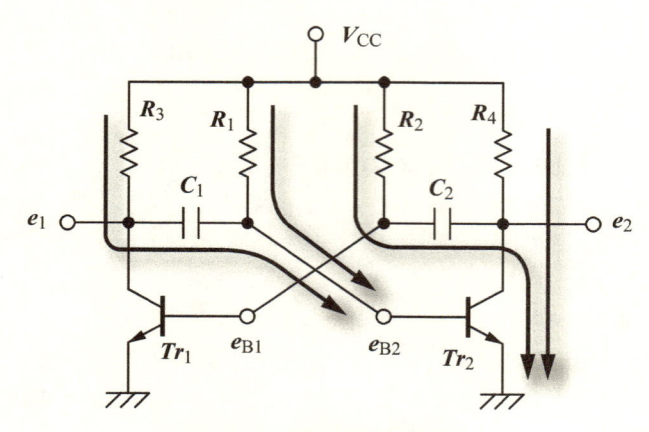

図1.7　③段階の電流の様子

第1章 電子回路を設計する

- Tr_1 のベース電流が途絶え、e_{B1} がマイナス電圧まで低下します。
- Tr_1 が OFF し、電源電圧 V_{CC} にまで上がります。
- 一度はベース電流が途絶えようとしますが、まもなくベース電流が供給されるため e_{B2} の電圧は、ベース・エミッタ間飽和電圧 $V_{BE(sat)}$ を維持し続けます。
- Tr_2 は ON し続けます。

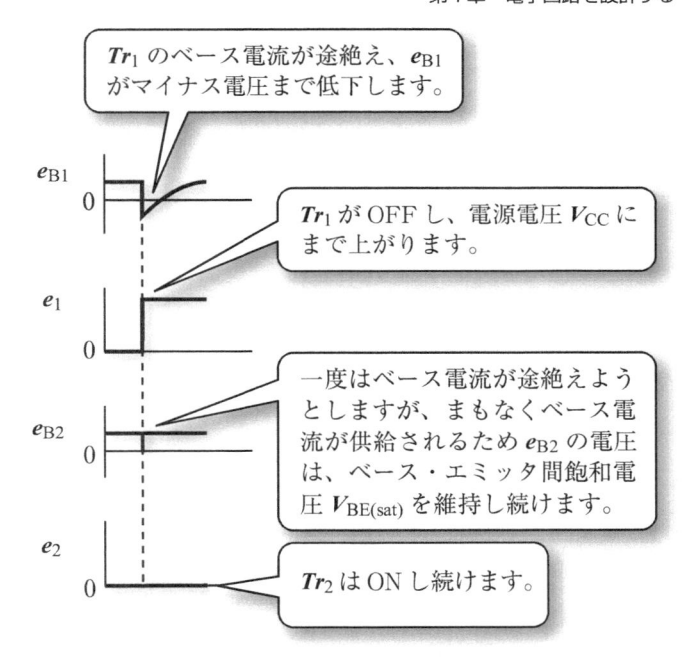

図1.8 ③段階の電圧波形

④双方のトランジスタの動作が反転する

 e_{B1} が R_2 と C_2 の微分回路によってマイナス電圧に引き下げられた後、放電の終わった C_2 には R_2 を通して新たな電流が流れます。これによって C_2 の充電が始まり、e_{B1} の電圧はしだいに上昇します。

 そして、e_{B1} の電圧がトランジスタを ON するために必要なベース・エミッタ間飽和電圧 $V_{BE(sat)}$ になると、R_2 を通ってベース電流が流れ、Tr_1 が ON します。

 Tr_1 が ON すると、C_1 の急激な放電によって e_{B2} がマイナス側

まで低下します。これによって、Tr_2はONからOFFへと変化します。この状態は、e_{B2}がベース・エミッタ間飽和電圧$V_{BE(sat)}$になるまで持続します（**図1.9**参照）。

放電の終わったC_2に新たな電流が流れ、C_2の充電が始まります。

Tr_1がONします。

Tr_2のベース電流が途絶え、e_{B2}がマイナスまで低下します。

放電の終わったC_1に電流が流れて充電が始まります。

Tr_2がOFFします。

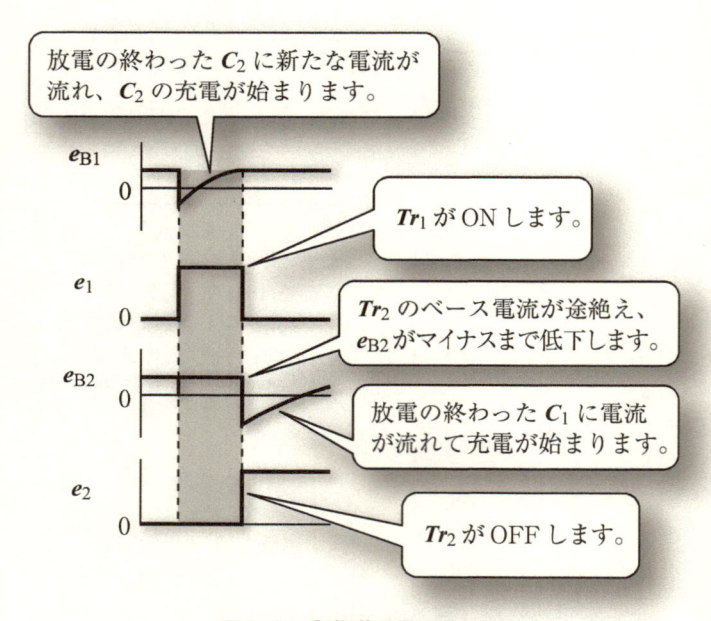

図1.9　④段階の電圧波形

⑤その後の動作

図1.10は、Tr_2がOFFした時点の様子です。このあとは、2つのトランジスタが、交互にON・OFFを繰り返します。

第1章 電子回路を設計する

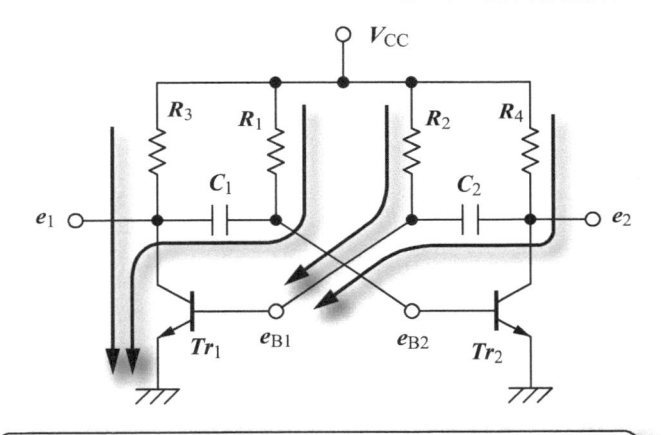

注：オシロスコープを用いて観察したときの実際の波形では、角の部分が丸みを帯びています。

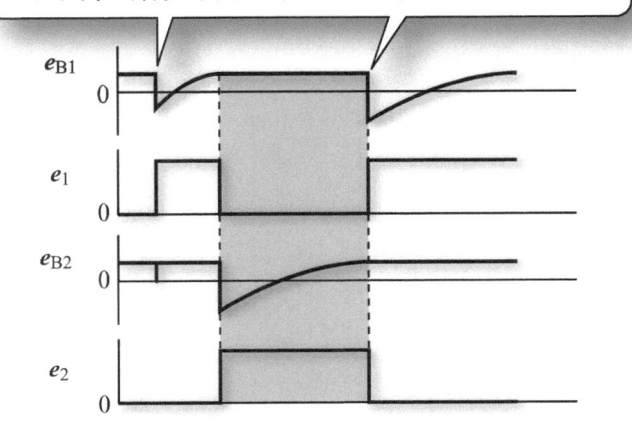

図1.10 ⑤段階の電流の様子と電圧波形

1.4 動作が見えるように改造する

さて、動作原理はわかりましたが、オシロスコープなしに、この発振の様子を見ることはできません。

手元に計測器がないとすれば、目で発振の様子が見えるような工夫が必要です。消費電流が少ない表示部品として、LED（発光ダイオード）が便利です。標準的なLEDは、10mA前後で明るく輝きます。

そこで、回路図を**図1.11**のように書き換えましょう。この回路ならば、出力信号を電気信号として取り出すのではなく、LEDランプの光として表示させることができます。

原理を見てきたように、R_3とR_4にLEDを直列接続すれば、交互に点滅することがわかります。これ以降は、具体的に部品を決めていく作業に入りましょう。

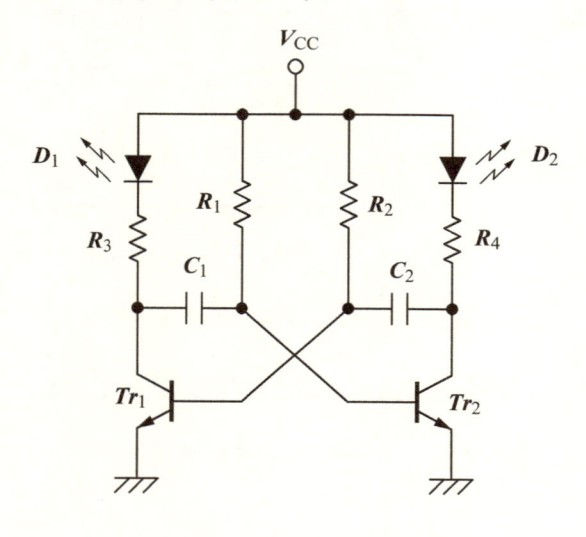

図1.11　LEDを追加する

1.5 電源方式を決める

 目的や機能が明確に決まっている電子回路では、電源方式を早めに決めておくことが重要です。携帯するのか、ACコンセントから電気を取り出して利用するのかといった使用方法です。

 この点滅回路は、回路規模が小さいという点から携帯を前提にします。直流電源で動作するとはいえ、正確で安定した電源を用意するには、直流安定化電源が必要です。それに代わる直流電源として身近なのは、乾電池があげられるでしょう。無安定マルチバイブレータを乾電池ケースに接続するイメージで、回路図を書き直しました。

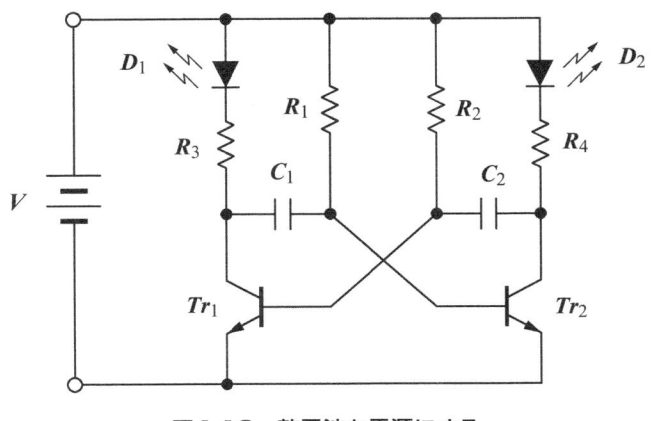

図1.12　乾電池を電源にする

 図1.12では、回路図上部の端子を取り払い、左側に直接、乾電池（直流電源）の図記号を配置しています。また、回路としての規模が小さく、機能が閉じている、つまり他の電子回路などに信号を出力しなくてもよいということから、グラウンド記号を外しました。

それでは、具体的に乾電池の電圧を決めていきます。このときには、次の2点に注意が必要です。

①端子電圧の低下

乾電池は、化学的に電気を生み出す部品です。たとえ、乾電池表面に公称電圧の「1.5V」が印刷されていたとしても、これは外部に流れる電流がないときの電圧です。電流が流れ始めると同時に、電池の内部には端子電圧を引き下げようとする内部抵抗などが現れるのです。

あらかじめ、電圧が低下することを前提に乾電池の数や構成（直列・並列）を決めましょう。

②半導体部品の動作電圧

ダイオードやトランジスタに電流を流そうとすると、それぞれの端子間に電圧差を設けなくてはなりません。図1.12の場合、電源からLEDに流れる電流は、トランジスタのコレクタ・エミッタ間を通過して、0Vラインに至ります。

この経路では、2箇所の半導体で電圧差が生じます。その電圧は、LEDの順方向電圧V_Fとトランジスタのコレクタ・エミッタ間飽和電圧$V_{CE(sat)}$を足した値です。

厳密な計算はあとで行いますが、図1.13のような電流の流れる部分だけを描いて、大ざっぱに設計してみましょう。

10mAで点灯できる標準的なLEDのV_Fを2V、100mA以上のコレクタ電流を流せる小信号用トランジスタの$V_{CEO(sat)}$を0.1Vとすると、半導体部分で生じる電圧降下は約2Vです。

単三アルカリ乾電池1.5V（公称電圧）×2個の直列で3Vになりますから、LEDの点灯に必要な電流を調整するための抵抗器の両端には、3V−2V＝1Vが現れることになります。

第1章 電子回路を設計する

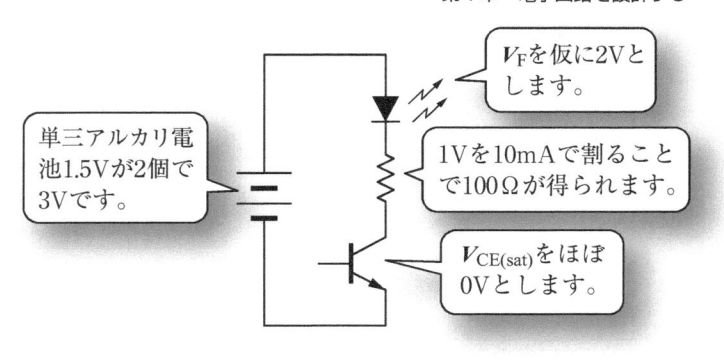

- V_Fを仮に2Vとします。
- 単三アルカリ電池1.5Vが2個で3Vです。
- 1Vを10mAで割ることで100Ωが得られます。
- $V_{CE(sat)}$をほぼ0Vとします。

図1.13 乾電池を電源にした概算

よって、1Vを10mAで割ることで100Ωが得られます。実際には、点灯時に3Vを下回るはずですから、100Ωに固定するとLEDに流れる電流は10mAよりも小さくなります。

1.6 リード部品かチップ部品か？

電源電圧とおおまかな動作電流などが決まりましたから、直接、抵抗値や半導体部品の選定が可能です。通常であれば、計算を優先して、電子回路の定数から決めていくべきところですが、「初めて手づくり」することを前提にして手順を変えることにしました。

電子回路の外観や作業性を考慮すると、部品の形状が重要になります。挿入実装部品（リード部品）と表面実装部品（チップ部品）のいずれを使うのかという点です。もし、部品を購入するときに、型名を間違えてしまうと、極端に難しい作業が必要となり手づくりできなくなるからです。

挿入実装部品（THD：Through Hole Device）は、電極端

子がピン構造(リード線)になっているものです。基板側には裏表貫通穴(スルーホール)があいており、ピンを穴に挿入して裏側でハンダ付けをします。

リード線が付いているため、多くの場合、ブレッドボードやユニバーサル基板が標準としている2.54mmピッチに対応できます。リード線の形状を整える(フォーミングする)ことによってピッチを変更することも容易です。

一方、表面実装部品(SMD:Surface Mount Device)は、コンデンサや抵抗器を中心に、多くがチップ構造になっています。高密度に大量生産するための部品であるため、実装方法としては、リフローハンダ付けなどが用いられます。

リフローハンダ付けとは、基板電極にハンダペーストを印刷し、その上に電子部品を配置、あらかじめハンダ付けに最適な温度に管理された炉の中を通過させて固定・接続する方法です。人間の手が触れることなく、ハンダ付けされるのが一般的なのです。

もちろん、表面実装部品のハンダゴテ作業は、熟練すると可能になりますが、初めのうちは避けるのが無難です。また、ブレッドボードに装着するには、リード線に相当する部品を装着する必要があります。

以上のことから、電子部品の型名を決めるにあたっては、リード部品を選ぶ方針で進めます。

1.7　LEDランプ

半導体部品として最初に決めたいのは、点滅回路としての負荷であるLEDです。極端にいうと、この回路の目的はLEDランプを点灯させることであり、この部品が消費電流の大きさを左右するからです。

第1章 電子回路を設計する

　LEDは2個ありますが、回路図上で左右を区別できるように、色を赤と緑にしましょう。形状はなるべく小さいもの、ここでは直径3mmの製品を探します。

　順方向電圧 V_F = 2 V、順方向電流 I_F = 10mAで安全に連続動作できるものはたくさんありますが、ローム㈱のSLR-332シリーズを選びました。

　赤の型名は「SLR-332VR」、緑は「SLR-332MG」です。

　図1.14にメーカのデータシートを掲載していますが、シートの拡大図を見ながら、選定した根拠を以下に述べます。

①外形寸法（図1.15）

　レンズの直径が3.2mm、アノードとカソードの各リード線間ピッチが2.5mm（参考値）であり、ブレッドボードやユニバーサル基板へ取り付けることができます。

②電気的・光学的特性（図1.16）

　レンズの樹脂色を「着色拡散」にしました。着色拡散とは、指向性のあるLED素子の光を広い角度まで分散させるための処理です。どこから見ても点滅が確認できます。

　順方向電圧については、I_F = 10mAのときの赤が V_F = 2.0V、緑が V_F = 2.1Vですから、予定どおりの値です。高温下での使用を前提としていませんから、周囲温度 T_a = 25℃の測定条件どおりに連続使用することとします。

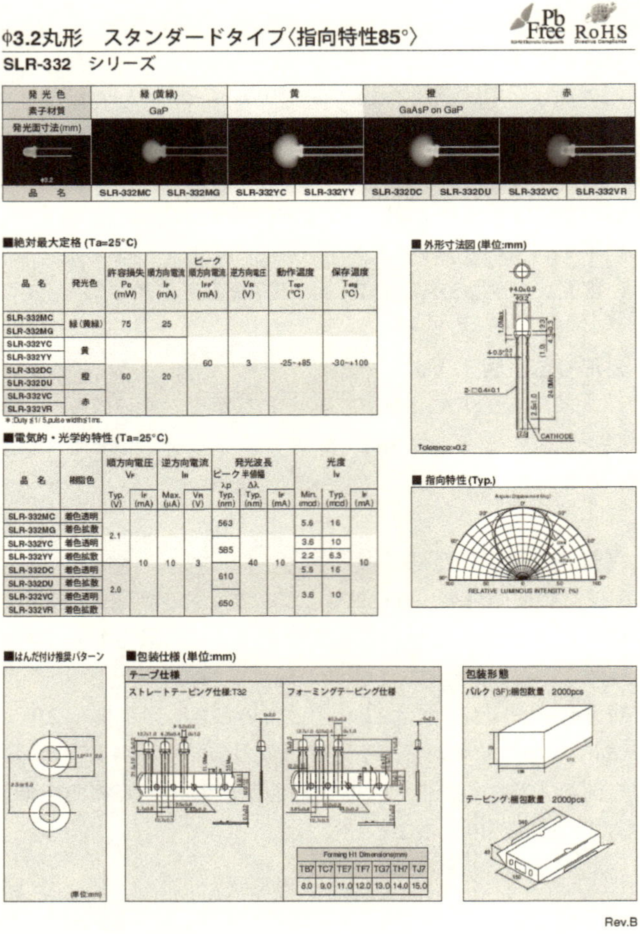

φ3.2丸形　スタンダードタイプ〈指向特性85°〉
SLR-332 シリーズ

発光色	緑(黄緑)		黄		橙		赤	
素子材質	GaP				GaAsP on GaP			
発光面寸法(mm)								
品名	SLR-332MC	SLR-332MG	SLR-332YC	SLR-332YY	SLR-332DC	SLR-332DU	SLR-332VC	SLR-332VR

■絶対最大定格 (Ta=25°C)

品名	発光色	許容損失 P_D (mW)	順方向電流 I_F (mA)	ピーク順方向電流 I_{FP} (mA)	逆方向電圧 V_R (V)	動作温度 T_{opr} (°C)	保存温度 T_{stg} (°C)
SLR-332MC	緑(黄緑)	75	25				
SLR-332MG							
SLR-332YC	黄			60	3	-25~+85	-30~+100
SLR-332YY							
SLR-332DC	橙	60	20				
SLR-332DU							
SLR-332VC	赤						
SLR-332VR							

※ Duty ≦1/5, pulse width≦1ms.

■電気的・光学的特性 (Ta=25°C)

品名	樹脂色	順方向電圧 V_F Typ. (V)	I_F (mA)	逆方向電流 I_R Max. (µA)	V_R (V)	発光波長 ピーク λ_p Typ. (nm)	半値幅 $\Delta\lambda$ Typ. (nm)	I_F (mA)	光度 I_V Min. (mcd)	I_V Typ. (mcd)	I_F (mA)
SLR-332MC	着色透明	2.1	10	10	3	563	40	10	5.6	16	10
SLR-332MG	着色拡散								3.6	10	
SLR-332YC	着色透明					585			2.2	6.3	
SLR-332YY	着色拡散								5.6	16	
SLR-332DC	着色透明	2.0				610					
SLR-332DU	着色拡散										
SLR-332VC	着色透明					650			3.6	10	
SLR-332VR	着色拡散										

■外形寸法図 (単位:mm)

Tolerance:±0.2

■指向特性 (Typ.)

■はんだ付け推奨パターン

■包装仕様 (単位:mm)
テープ仕様
ストレートテーピング仕様:T32　　フォーミングテーピング仕様

Forming H1 Dimensions(mm)						
TB7	TC7	TE7	TF7	TG7	TH7	TJ7
8.0	9.0	11.0	12.0	13.0	14.0	15.0

■包装形態
バルク (3F):梱包数量　2000pcs

テーピング:梱包数量　2000pcs

Rev.B

図1.14　ローム㈱のSLR-332シリーズ

第1章 電子回路を設計する

■外形寸法図（単位：mm）

（LEDランプのレンズ直径）

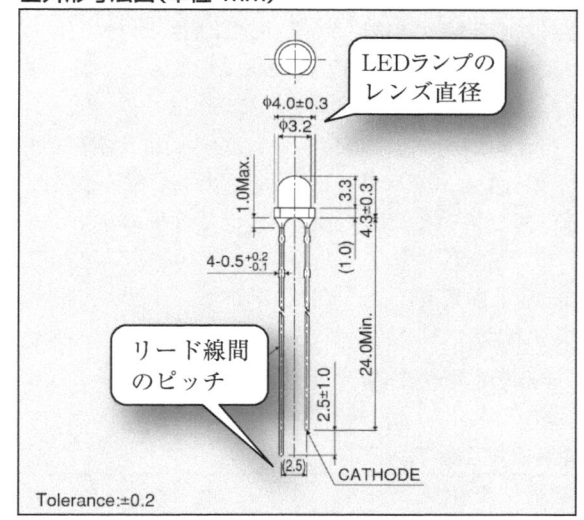

（リード線間のピッチ）

図1.15　SLR-332の外形寸法

■電気的・光学的特性（Ta=25℃）

品名	樹脂色	順方向電圧 V_F		逆方向電流 I_R		ピーク波長 λ
		Typ. (V)	I_F (mA)	Max. (μA)	V_R (V)	Typ. (nm)
SLR-332MC	着色透明	2.1	10	10	3	56
SLR-332MG	着色拡散					
SLR-332YC	着色透明					58
SLR-332YY	着色拡散					
SLR-332DC	着色透明	2.0				61
SLR-332DU	着色拡散					
SLR-332VC	着色透明					65
SLR-332VR	着色拡散					

（選定した緑のLEDランプ：SLR-332MC）
（選定した赤のLEDランプ：SLR-332DC）

図1.16　SLR-332の電気的・光学的特性

③絶対最大定格(図1.17)

順方向電圧と順方向電流が、「電気的特性」の表に従った使い方ですので、通常の使い方で破壊に至ることはありませんが、念のため絶対最大定格を確認しておきます。

I_F = 10mAとV_F = 2.0Vの値をかけ算すると消費電力が得られます。10mA × 2.0V = 20mW、これに対して許容損失P_Dを、最も低い値で見ると60mWです。常温で3倍の余裕があります。

次に、順方向電流については、赤が2倍、緑が2.5倍の余裕があり、問題なしと判断します。なお、高電流でパルス駆動することはありませんので、ピーク順方向電流を見る必要はないでしょう。

■絶対最大定格(Ta=25℃)

品　名	発光色	許容損失 P_D (mW)	順方向電流 I_F (mA)	ピーク 順方向電流 I_{FP}* (mA)	逆方向電圧 V_R (V)
SLR-332MC	緑(黄緑)	75	25	60	3
SLR-332MG					
SLR-332YC	黄				
SLR-332YY					
SLR-332DC	橙	60	20		
SLR-332DU					
SLR-332VC	赤				
SLR-332VR					

＊:Duty ≦ 1/5, pulse width ≦ 1ms.

図1.17　絶対最大定格

1.8　トランジスタ

トランジスタは、負荷としてのLEDを駆動(ON – OFF)

第 1 章　電子回路を設計する

TOSHIBA　　　　　　　　　　　　　　　　　　　　2SC1815

東芝トランジスタ　シリコン NPN エピタキシャル形 (PCT 方式)

2SC1815

○ 低周波電圧増幅用
○ 励振段増幅用

- 高耐圧でしかも電流容量が大きい。
  : $V_{CEO} = 50$ V (最小), $I_C = 150$ mA (最大)
- 直流電流増幅率の電流依存性が優れています。
  : $h_{FE(2)} = 100$ (標準) ($V_{CE} = 6$ V, $I_C = 150$ mA)
  : h_{FE} ($I_C = 0.1$ mA)/h_{FE} ($I_C = 2$ mA) = 0.95 (標準)
- $P_O = 10$ W 用アンプのドライバおよび一般スイッチング用に適しています。
- 低雑音です。: NF = 1 dB (標準) (f = 1 kHz)
- 2SA1015 とコンプリメンタリになります。(O, Y, GR クラス)

単位: mm

1. エミッタ
2. コレクタ
3. ベース

JEDEC	TO-92
JEITA	SC-43
東芝	2-5F1B

質量:　g (標準)

最大定格 (Ta = 25°C)

項　　　目	記号	定格	単位
コレクタ・ベース間電圧	V_{CBO}	60	V
コレクタ・エミッタ間電圧	V_{CEO}	50	V
エミッタ・ベース間電圧	V_{EBO}	5	V
コレクタ電流	I_C	150	mA
ベース電流	I_B	50	mA
コレクタ損失	P_C	400	mW
接合温度	T_j	125	°C
保存温度	T_{stg}	−55~125	°C

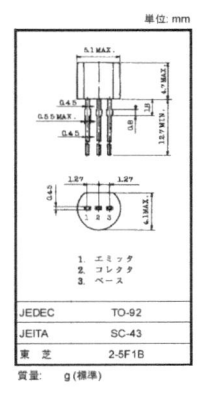

電気的特性 (Ta = 25°C)

項　　　目	記号	測定条件	最小	標準	最大	単位
コレクタしゃ断電流	I_{CBO}	$V_{CB} = 60$ V, $I_E = 0$	—	—	0.1	μA
エミッタしゃ断電流	I_{EBO}	$V_{EB} = 5$ V, $I_C = 0$	—	—	0.1	μA
直流電流増幅率	$h_{FE(1)}$(注)	$V_{CE} = 6$ V, $I_C = 2$ mA	70	—	700	
	$h_{FE(2)}$	$V_{CE} = 6$ V, $I_C = 150$ mA	25	100	—	
コレクタ・エミッタ間飽和電圧	V_{CE}(sat)	$I_C = 100$ mA, $I_B = 10$ mA	—	0.1	0.25	V
ベース・エミッタ間飽和電圧	V_{BE}(sat)	$I_C = 100$ mA, $I_B = 10$ mA	—	—	1.0	V
トランジション周波数	f_T	$V_{CE} = 10$ V, $I_C = 1$ mA	80	—	—	MHz
コレクタ出力容量	C_{ob}	$V_{CB} = 10$ V, $I_E = 0$, f = 1 MHz	—	2.0	3.5	pF
ベース拡がり抵抗	$r_{bb'}$	$V_{CE} = 10$ V, $I_E = -1$ mA, f = 30 MHz	—	50	—	Ω
雑音指数	NF	$V_{CE} = 6$ V, $I_C = 0.1$ mA, f = 1 kHz, $R_g = 10$ kΩ	—	1	10	dB

注: $h_{FE(1)}$ 分類　O: 70~140,　Y: 120~240,　GR: 200~400,　BL: 350~700

2002-01-29

図 1.18　東芝セミコンダクター社の 2SC1815

するスイッチですから、電気的特性はLEDを上回っている必要があります。

ここでは、小信号用として広く普及している、東芝セミコンダクター社の2SC1815（**図1.18**参照）を選びました。

通常、トランジスタを選ぶことは、決して容易な作業ではありません。とくに増幅器としての利用では、周波数や各端子間の電圧・電流、周囲温度などが複雑に関連しています。

しかし、無安定マルチバイブレータでは、スイッチとして飽和領域だけを使います。トランジスタに加わる電圧や、コレクタ電流I_C、動作周波数が固定しているため、選定が正しかったかを判断するのは容易です。

①外形寸法（図1.19）

パッケージはTO-92形で小型ですが、手作業でよく使われます。

しかし、リード線間のピッチは1.27mmと狭く、このままではブレッドボードには使えません。取り付ける際に、フォーミングが必要となります。

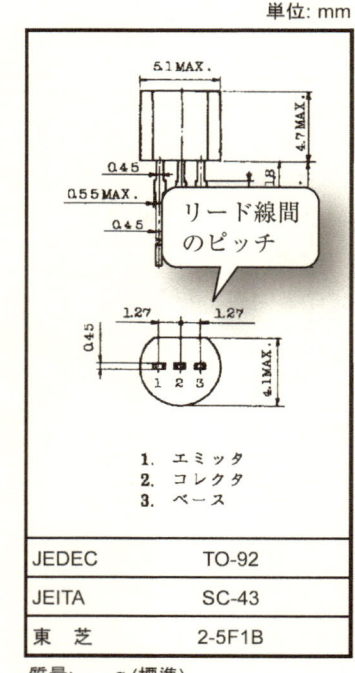

単位: mm

1. エミッタ
2. コレクタ
3. ベース

JEDEC	TO-92
JEITA	SC-43
東　芝	2-5F1B

質量:　　g (標準)

図1.19　2SC1815の外形寸法

第1章 電子回路を設計する

②最大定格(図1.20)と電気的特性(図1.21)

各抵抗値を決めていないこの段階では、ベース電流を除く電圧・電流の確認ができます。

電源電圧が$V = 3.0$V、LEDの順方向電流が$I_F = 10$mAと決まっていますから、最大定格のコレクタ・エミッタ間電圧V_{CEO}とコレクタ電流I_Cは、難なくクリアしています。

トランジスタが飽和しているときの消費電力については、使用条件がかなり異なりますが、電気的特性の$V_{CE(sat)}$を0.1Vと

最大定格(Ta=25℃)

項　　目	記　号	定　　格	単位
コレクタ・ベース間電圧	V_{CBO}	60	V
コレクタ・エミッタ間電圧	V_{CEO}	50	V
エミッタ・ベース間電圧	V_{EBO}	5	V
コレクタ電流	I_C	150	mA
ベース電流	I_B	50	mA
コレクタ損失	P_C	400	mW
接合温度	T_j	125	℃
保存温度	T_{stg}	−55~125	℃

図1.20　2SC1815の最大定格

電気的特性 (Ta=25℃)

項　目	記号	測定条件	最小	標準	最大	単位
コレクタしゃ断電流	I_{CBO}	$V_{CB} = 60$ V, $I_E = 0$	—	—	0.1	μA
エミッタしゃ断電流	I_{EBO}	$V_{EB} = 5$ V, $I_C = 0$	—	—	0.1	μA
直流電流増幅率	$h_{FE(1)}$(注)	$V_{CE} = 6$ V, $I_C = 2$ mA	70	—	700	
	$h_{FE(2)}$	$V_{CE} = 6$ V, $I_C = 150$ mA	25	100	—	
コレクタ・エミッタ間飽和電圧	$V_{CE(sat)}$	$I_C = 100$ mA, $I_B = 10$ mA	—	0.1	0.25	V
ベース・エミッタ間飽和電圧	$V_{BE(sat)}$	$I_C = 100$ mA, $I_B = 10$ mA	—	—	1.0	V
トランジション周波数	f_T	$V_{CE} = 10$ V, $I_C = 1$ mA	80	—	—	MHz
コレクタ出力容量	C_{ob}	$V_{CB} = 10$ V, $I_E = 0$, f = 1 MHz	—	2.0	3.5	pF
ベース拡がり抵抗	$r_{bb'}$	$V_{CE} = 10$ V, $I_E = -1$ mA, f = 30 MHz	—	50	—	Ω
雑音指数	NF	$V_{CE} = 6$ V, $I_C = 0.1$ mA, f = 1 kHz, $R_G = 10$ kΩ	—	1	10	dB

注：$h_{FE(1)}$ 分類　　O: 70~140,　Y: 120~240,　GR: 200~400,　BL: 350~700

図1.21　2SC1815の電気的特性

仮定すると、0.1V × 10mA = 1mW で全く問題になりません。

また、無安定マルチバイブレータの発振中、ベース端子には逆バイアス電圧（−3V）が加わることになります。これについては、エミッタ・ベース間電圧（ベースから見たエミッタの電圧）が $V_{EBO} = 5V$ となっており、十分な余裕があります。

トランジスタの選定はおおむね正しいと判断されますが、図1.20と図1.21は、抵抗値を決めるにあたって、あとでもう一度見直します。

1.9 点滅周期の計算

半導体部品を除く受動部品のうち、無安定マルチバイブレータの発振周期を決める微分回路の定数を決めます。それは、図1.22の C_1、R_1、C_2、R_2 です。

左右対称の無安定マルチバイブレータの場合、発振の半周期は次の式で求められます。

$t = 0.69 \times C_1 \times R_1 = 0.69 \times C_2 \times R_2$

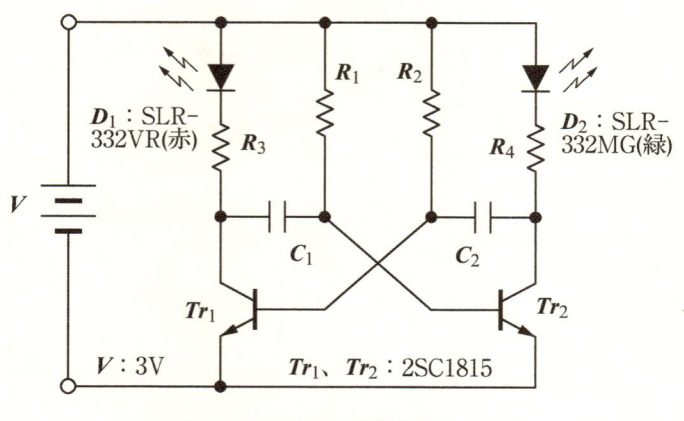

図1.22　設計の途中経過（その1）

第1章　電子回路を設計する

　半周期とは、それぞれのトランジスタがONまたはOFFしている時間です。また、$C_1 = C_2$、$R_1 = R_2$です。

　第3章から製作する無安定マルチバイブレータでは、LEDの点滅がはっきりと見えるように周期を決めた上で、コンデンサの静電容量と抵抗値の組み合わせを求めなくてはなりません。

　まず、点滅周期は0.5秒から1.0秒の間、たとえば0.7秒としましょう。赤・緑それぞれのLEDランプが光っている時間が半周期 t ですから、

　$t = 0.7 = 0.69 \times C_1 \times R_1$

が成り立つように、残りの2つを決めていきます。

　便宜上 $t = 0.69$ とすれば、$C_1 \times R_1 = 1$ です。この回路の場合、抵抗器の値がトランジスタのベース電流を決めることになるため、トランジスタが安定に動作するよう、R_1 から求めます。

　Tr_2 のベース電流 I_B は、主に R_1 を経由して流れてきます。**図1.23**と**図1.24**は、先ほどと同じ最大定格と電気的特性ですが、まず I_B が50mA以上になってはいけないことがわかります。

　次に、電源からグラウンドまでのベース電流路を、電圧の式で表すと、次のようになります。

　$V = R_1 \times I_B + V_{BE(sat)}$

　図1.24の測定条件では、$I_B = 10\text{mA}$ という値が見えます。しかし、LEDを点灯させるコレクタ電流が $I_C = 10\text{mA}$ ですから、直流電流増幅率 h_{FE} の分類を絞り込むことによって、I_B の値をかなり小さくできることがわかります。

　h_{FE} の分類を「GR：200〜400」に選び、計算では $h_{FE} = 200$ とします。トランジスタの型名は、2SC1815GRとなります。

最大定格 (Ta=25℃)

項　　　目	記号	定　格	単位
コレクタ・ベース間電圧	V_{CBO}	60	V
コレクタ・エミッタ間電圧	V_{CEO}	50	V
エミッタ・ベース間電圧	V_{EBO}	5	V
コレクタ電流	I_C	150	mA
ベース電流	I_B	50	mA
コレクタ損失	P_C	400	mW
接合温度	T_j	125	℃
保存温度	T_{stg}	−55~125	℃

図1.23　2SC1815の最大定格

電気的特性 (Ta=25℃)

項　目	記号	測定条件	最小	標準	最大	単位
コレクタしゃ断電流	I_{CBO}	V_{CB} = 60 V, I_E = 0	—	—	0.1	μA
エミッタしゃ断電流	I_{EBO}	V_{EB} = 5 V, I_C = 0	—	—	0.1	μA
直流電流増幅率	$h_{FE(1)}$(注)	V_{CE} = 6 V, I_C = 2 mA	70	—	700	
	$h_{FE(2)}$	V_{CE} = 6 V, I_C = 150 mA	25	100		
コレクタ・エミッタ間飽和電圧	$V_{CE(sat)}$	I_C = 100 mA, I_B = 10 mA	—	0.1	0.25	V
ベース・エミッタ間飽和電圧	$V_{BE(sat)}$	I_C = 100 mA, I_B = 10 mA	—	—	1.0	V
トランジション周波数	f_T	V_{CE} = 10 V, I_C = 1 mA	80	—		MHz
コレクタ出力容量	C_{ob}	V_{CB} = 10 V, I_E = 0, f = 1 MHz	—	2.0	3.5	pF
ベース拡がり抵抗	$r_{bb'}$	V_{CE} = 10 V, I_E = −1 mA, f = 30 MHz	—	50		Ω
雑音指数	NF	V_{CE} = 6 V, I_C = 0.1 mA, f = 1 kHz, R_G = 10 kΩ	—	1	10	dB

注: $h_{FE(1)}$ 分類　O: 70~140,　Y: 120~240,　GR: 200~400,　BL: 350~700

図1.24　2SC1815の電気的特性

　さて、V = 3 V、I_B = 10mA/200、$V_{BE(sat)}$ = 1 Vを前述の式に入力すると、R_1が求まります。

　3 V = R_1 × (10mA/200) + 1 V

これより、

　R_1 = (3 V − 1 V)/(10mA/200) = 40k Ω

が得られます。ここではh_{FE}をGRランクの最小値である200に選び、余裕がないように見えますが、**図1.24**の測定条件全体

がLEDの点灯条件より過酷であるため、この程度にしておきます。

1.10 カーボン抵抗器

この回路では2種類、各2本のカーボン抵抗器を使います。カーボン抵抗器は、小信号に適した低価格な抵抗器です。また、抵抗値の数列については、入手の容易さを考慮して、**表1.3**に掲載したE24系列から選ぶことにします。

1.9節で、R_1とR_2の計算値を求めました。40kΩをE24系列と見比べると、「3.9」が最も近いため、$R_1 = R_2 = 39$kΩと決め

表1.3 E3、E6、E12およびE24標準数列

E24：許容差±5%　　E12：許容差±10%
E6：許容差±20%　　E3：許容差＞±20%

E24	E12	E6	E3
1.0	1.0	1.0	1.0
1.1			
1.2	1.2		
1.3			
1.5	1.5	1.5	
1.6			
1.8	1.8		
2.0			

E24	E12	E6	E3
2.2	2.2	2.2	2.2
2.4			
2.7	2.7		
3.0			
3.3	3.3	3.3	3.3
3.6			
3.9	3.9		
4.3			

E24	E12	E6	E3
4.7	4.7	4.7	4.7
5.1			
5.6	5.6		
6.2			
6.8	6.8	6.8	
7.5			
8.2	8.2		
9.1			

注：IEC63のAmendent1：1969およびAmendment2：1977に基づく標準数列です。

注：IECとは、International Electrotechnical Commissionの略語です。

ます。また、R_3とR_4については、**1.5節**の概算が適当と判断できるので、100 Ωとします。

抵抗器に電流が流れるときの消費電力を求めましょう。

R_1とR_2に流れる電流は$V - V_{BE(sat)} = 2\text{ V}$を39 kΩで割った値ですから、消費電力は$(2\text{ V}/39\text{k }\Omega)^2 \times 39\text{k }\Omega \fallingdotseq 0.1\text{mW}$です。また、$R_3$と$R_4$に流れる電流は10 mAですから、ここでの消費電力は$(10\text{mA})^2 \times 100\text{ }\Omega = 0.01\text{W}$となります。

いずれも小さな消費電力ですが、抵抗器の大きさは選定する許容電力に応じて異なるため、作業性を考慮して4本の抵抗器を同じ大きさに統一することを考えます。ここでは、広く普及している1/4W (0.25W) を、コーア㈱のCFシリーズから選ぶことにします。**図1.25**は、そのデータシートです。

選定したカーボン抵抗器のシリーズから、形状や定格を確認し、発注するための型名を決めていきましょう。

コラム1：標準数列

たとえばE24系列と聞くと、抵抗器だけを思い浮かべることが多いのですが、標準数列は「抵抗器およびコンデンサの標準数列」として規定されています。

もちろん、実際に生産されているコンデンサの値を調べてみると、抵抗器ほどの静電容量値はそろっていませんが、知っていると便利です。

なお、E24系列の上には、さらにE48、E96、E192まで規定されており、E192系列ともなると以下のように細かくなっています。

100、101、102、104、105、106、107、109、110、111、…、920、931、942、953、965、976、988

第1章 電子回路を設計する

CARBON FILM

CF (RD) 小形塗装絶縁形炭素皮膜固定抵抗器
Coat-Insulated Fixed Carbon Film Resistors

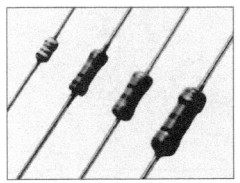

■構造図 Construction

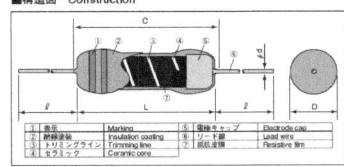

①	表示	Marking
②	絶縁塗膜	Insulation coating
③	トリミングライン	Trimming line
④	セラミックス	Ceramic core
⑤	電極キャップ	Electrode cap
⑥	リード線	Lead wire
⑦	抵抗皮膜	Resistive film

外装色：CFS1/4、アイボリー その他、ベネチャンレッド
Coating colors：CFS1/4-Ivory Others-venetian red
表示：カラーコード Marking：Color code

■特長 Features
- 汎用のリードタイプ抵抗器です。
- 自動挿入が可能です。
- 各種フォーミングが可能です。
- 同一電力のチップ抵抗よりも耐パルス性が強い。
- 1/4Wの小形タイプ（CFS 1/4）があります。
- 端子鉛フリー品は、RoHS対応品です。
- General-purpose lead-type resistors.
- Automatic insertion is applicable.
- Various types of formings are available.
- Stronger in pulse resistance than chip resistors of the same power.
- The smaller type of 1/4W(CFS 1/4) is available.
- Products with lead free termination meet RoHS requirements.

■参考規格 Reference Standards
IEC 60115-2
JIS C 5201-2
EIAJ RC-2136

■外形寸法 Dimensions

形 名 Type	寸 法 Dimensions (mm)					Weight (g) (1000pcs)
	L	C Max.	D	d (Nominal)	ℓ	
CFS1/4	3.2±0.2	3.4	1.8±0.3	0.45	20 min.	150
CF1/4	6.1±0.5	7.1	2.3±0.3	0.5		240
CFS1/2	9.0±1.0	11.0	3.5±0.5	0.7		520
CFS1/2	6.1±0.5	7.1	2.65±0.3	0.6		290

■品名構成 Type Designation

例 Example

Old Type	RD	25S		T52		10kΩ	
New Type	CF	1/4	C	T52	A	103	J

品番 Product Code	定格電力 Power Rating	端子表面材質 Terminal Surface Material	二次加工 Taping & Forming	包装 Packaging	公称抵抗値 Nominal Resistance	抵抗値許容差 Resistance Tolerance
S1/4(RD):0.25W 1/4(25S):0.25W B1/2(5S):0.5W S1/2(54S):0.5W		C：SnCu L：Sn/Pb	下記参照 See table below	A：アモパック A：AMMO R：リール R：REEL	3 digits	G：±2% J：±5%

端子表面用は鉛フリーめっきが標準となります。
テーピング及びフォーミングの詳細については巻末のAPPENDIX Cを参照して下さい。
The terminal surface material lead free is standard.
For further information on taping and forming, please refer to APPENDIX C on the back pages.

■二次加工対応表 Taping & Forming Matrix

形名 Type	アキシャルテーピング Axial Taping		ラジアルテーピング Radial Taping				Uフォーミング U Forming		Mフォーミング M Forming		
	T26	T52	VT	MT	MHT	VTP	VTE	U	UCL	M5	M10	M12.5	M12.5K
CFS 1/4										MSF			
CF 1/4											M10H	M12.5H	
CFB 1/2													M12.5K
CFS 1/2											M10H		

■定格 Ratings

形名 Type	定格電力 Power Rating	抵抗値範囲 Resistance Range (Ω) (E24)		抵抗温度係数 T.C.R. (X10⁻⁶/°C)			最高使用電圧 Max. Working Voltage	最高過負荷電圧 Max. Overload Voltage	耐電圧 Dielectric Withstand Voltage	テーピング仕上数量/アモ数量 Taping & Qty/AMMO (pcs)	
		G：±2%	J：±5%	+350～+450	0～-700	0～-1000	0～-1300				T26A	T52A
CFS 1/4	0.25W	10～330k	2.2～4M		91Ω～100kΩ	119Ω～39kΩ	39Ω～1MΩ	250V	500V	500V	5,000	3,000
CF 1/4	0.25W							250V	500V	500V	2,000	
CFB 1/2	0.5W	10～1M	2.2～5.1M		2.2Ω～100kΩ	110Ω～10MΩ	1MΩ～5.1MΩ	350V	600V	700V		2,000
CFS 1/2	0.5W				2.2Ω～4MΩ	110Ω～1MΩ	1MΩ～2.2MΩ	24MΩ～5.1MΩ	350V	700V	700V		

定格周囲温度 Rated Ambient Temperature：+70℃
使用温度範囲 Operating Temperature Range：-55℃～+155℃

定格電圧＝√定格電力×公称抵抗値 による算出値、又は表中の最高使用電圧のいずれか小さい値が定格電圧となります。
Rated voltage=√Power Rating×Resistance value or Max. working voltage, whichever is lower.

本カタログに記載の仕様は予告なく変更する場合があります。御注文の際、及び実際の御使用前に、納入仕様書を入手され御確認下さい。
Specifications given herein may be changed at any time without prior notice. Please confirm technical specifications before you order and/or use.

www.koanet.co.jp

図1.25 コーア㈱のCFシリーズ

43

①外形寸法(図1.26)

第2章では、指や工具を使ってリード線を、コの字形に折り曲げますので、加工後のリード線ピッチが2.54mmの整数倍になっていると便利です。

「CF1/4」の本体長さが6.1mmであれば、2.54mmピッチの4倍にフォーミングすることによって、抵抗器本体から曲がりの位置まで約2mmを確保することができます。

> CF1/4のタイプを2.54mmピッチのブレッドボードなどに取り付けるときには、この部分に2mmずつの折り曲げ余裕(真っ直ぐな部分)ができます。

■構造図 Construction

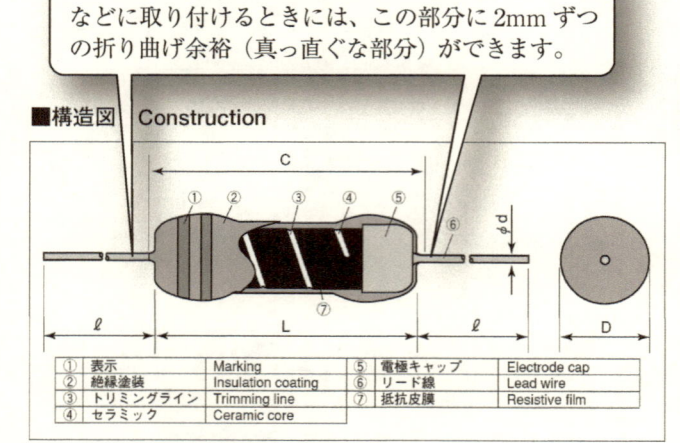

①	表示	Marking	⑤	電極キャップ	Electrode cap
②	絶縁塗装	Insulation coating	⑥	リード線	Lead wire
③	トリミングライン	Trimming line	⑦	抵抗皮膜	Resistive film
④	セラミック	Ceramic core			

■外形寸法 Dimensions

形 名 Type	寸 法 Dimensions (mm)				ℓ	Weight(g) (1000pcs)
	L	C Max.	D	d (Nominal)		
CFS1/4	3.2±0.2	3.4	$1.7^{+0.3}$	0.45	20 min.	150
CF1/4	6.1±0.5	7.1	2.3±0.3	0.6		240
CFB1/2	9.0±1.0	11.0	3.5±0.5	0.7		520
CFS1/2	6.3±0.5	7.1	2.85±0.3	0.6		290

図1.26 CFシリーズの外形寸法

第1章 電子回路を設計する

②定格（図1.27）

100Ωでの消費電力が0.04Wですので、作業性も考慮して、定格電力を1/4W（0.25W）と決めました。また、抵抗値については、E24系列で値がそろっていることがわかります。

抵抗値許容差が「G」と「J」の2つありますが、これまで

■定格　Ratings

形　名 Type	定格電力 Power Rating	抵抗値範囲 Resistance Range (Ω) (E24)	
		G:±2%	J:±5%
CFS 1/4	0.25W	10〜330k	2.2〜1M
CF 1/4	0.25W		
CFB 1/2	0.5W	10〜1M	2.2〜5.1M
CFS 1/2	0.5W		

図1.27　CFシリーズの定格

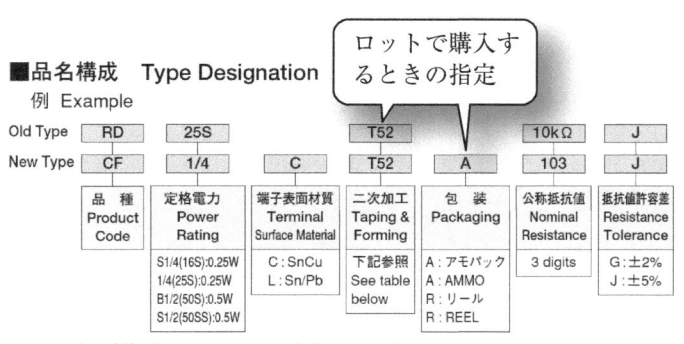

■品名構成　Type Designation

例 Example

	品種 Product Code	定格電力 Power Rating	端子表面材質 Terminal Surface Material	二次加工 Taping & Forming	包装 Packaging	公称抵抗値 Nominal Resistance	抵抗値許容差 Resistance Tolerance
Old Type	RD	25S		T52		10kΩ	J
New Type	CF	1/4	C	T52	A	103	J

（ロットで購入するときの指定）

- S1/4(16S):0.25W
- 1/4(25S):0.25W
- B1/2(50S):0.5W
- S1/2(50SS):0.5W

- C:SnCu
- L:Sn/Pb

下記参照
See table below

- A:アモパック
- A:AMMO
- R:リール
- R:REEL

3 digits

- G:±2%
- J:±5%

端子表面材質は鉛フリーめっき品が標準となります。
テーピング及びフォーミングの詳細については巻末のAPPENDIX Cを参照して下さい。
The terminal surface material lead free is standard.
For further information on taping and forming, please refer to APPENDIX C on the back pages.

図1.28　CFシリーズの品名

の計算方法や余裕の取り方を振り返ってみると、高い精度を求める理由が見当たりません。ここでは、±5％のJを選びます。

①と②の条件を**図1.28**に照らし合わせると、発注する抵抗器の品名（型名）が決まります。「端子表面材質」は、あとに述べる「RoHS」を考慮して「C：SnCu」とします。鉛（Pb）の使用を避けました。

ロット生産に関する指定が「二次加工」と「包装」ですが、試作で使用するため直接メーカから入手することは少ないと考えますので、指定しないこととします。

以上のことから、R_1とR_2の型名は「CF1/4C393J」、R_3とR_4は「CF1/4C101J」です。

コンデンサを除く電子部品について、型名が決まりました。少し整理してみましょう。**図1.29**では、参照名を利用して、型名やメーカ名を下方に配置しました。

第1章 電子回路を設計する

コラム2：RoHS

第2章でも取り上げますが、RoHSはEU（欧州連合）が2006年7月1日に施行した有害物質規制「RoHS指令」のことです。英語で、Restriction Of the use of certain Hazardous Substances in electrical and electronic equipmentと記述し、頭文字4つを取ってRoHSと表記し、日本では一般に「ローズ」と呼ばれています。

電気・電子機器への特定有害物質の含有を禁止するもので、規制対象となっているのは、Pb（鉛）、Cd（カドミウム）、Cr^{6+}（6価クロム）、Hg（水銀）、PBB（ポリブロモビフェニル）、PBDE（ポリブロモジフェニルエーテル）の6物質です。

RoHS指令は、電気・電子機器メーカだけでなく、部品メーカ、材料メーカなどエレクトロニクス業界全体に影響を与えています。なぜならば、6種類の有害物質を含有した製品はEU内で販売できないからです。

そのため、機器メーカはこの数年の間に使用禁止物質の管理を厳しくしてきました。部品メーカや材料メーカなど、取引先の設計工程や製造工程を調査しました。さらに、これらのメーカに対して、部品納入時に有害物質が含まれていないことを証明する定量的な分析データの提出を求めています。

電子部品のデータシートにもRoHSが明確にうたわれるようになりました。

**図1.14の右上を拡大したもの
（ローム㈱ SLR-332シリーズ）**

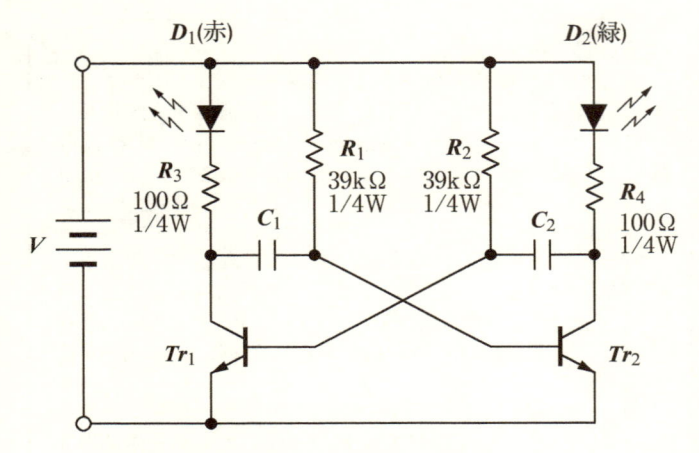

V：3V（単三アルカリ乾電池 ×2本）
Tr_1、Tr_2：2SC1815GR（東芝セミコンダクター社）
D_1：SLR-332VR（ローム㈱）
D_2：SLR-332MG（ローム㈱）
R_1、R_2：CF1/4C393J（コーア㈱）
R_3、R_4：CF1/4C101J（コーア㈱）

図1.29 設計の途中経過（その2）

1.11 コンデンサ

無安定マルチバイブレータの設計も、コンデンサを残すだけになりました。

①静電容量

1.9節で点滅周期を求めたとき、$C_1 \times R_1 = 1$ という式を導いていますので、ここに39kΩを入れてみます。

$C_1 = 1/R_1 = 1/39\text{k}\Omega = $ 約 $25.6\,\mu\text{F}$

抵抗値を求めるときに用いたE24系列では、2.2、2.4、2.7と

第1章　電子回路を設計する

いった値が並びますので、24μFを探したいところです。

　静電容量の大きさから判断すると、セラミックコンデンサやフィルムコンデンサでは容量が小さすぎます。そこで、小型の電解コンデンサを探したところ、ニチコン㈱のMAシリーズという製品を見つけました（**図1.30**）。

　電解コンデンサは、外形が小さいわりに静電容量が大きいという長所がありますが、一方で、静電容量許容差が大きく、MAシリーズは±20％のばらつきが生じます。点滅を目的とした無安定マルチバイブレータですので、許容できる範囲ですが、精密さを求めるのであれば方式自体を見直す必要があります。

　さて、**図1.30**を拡大して、定格と寸法を確認してみましょう。**図1.31**に記載された静電容量では、24μFに近い値が22μFしか見当たりません。他社のデータシートも同様でしたので、ここでは、22μFとします。

②定格電圧と寸法

　電源電圧が3Vですので、約2倍の余裕を見て定格電圧を6.3Vとします。また、22μF、6.3Vのときの寸法は、直径4mm、高さ（図中は長さ）5mm、リード線間ピッチ1.5mmとなります。

　トランジスタのTO-92パッケージと同じくらいの大きさです。また、リード線間が狭いので、配線の際はフォーミングが必要です。

nichicon

アルミニウム電解コンデンサ ALUMINUM ELECTROLYTIC CAPACITORS

MA シリーズ — 5mmL 標準品

- 製品高さ5mmLの標準品。
- 種類豊富な自動挿入用テーピング品を用意。
- RoHS指令（2002/95/EC）対応済。

ML 低インピーダンス / MT 定格拡充 / MV 長寿命化 / MA 両極性化 / MP / MF 長寿命 / MJ 小形化

スリーブ色：ブラック

■仕様

項　目	性　能
カテゴリ温度範囲	−40〜+85℃
定格電圧範囲	4〜50V
定格静電容量範囲	0.1〜470μF
定格静電容量許容差	±20% (120Hz, 20℃)
漏れ電流	I = 0.01CV または 3 (μA) いずれか大きい値以下 (2分後)

損失角の正接 (tan δ)	定格電圧 (V)	4	6.3	10	16	25	35	50	120Hz 20℃
	tan δ (MAX)	0.35	0.24 (0.30)	0.20 (0.24)	0.16 (0.20)	0.14 (0.18)	0.12 (0.16)	0.10 (0.13)	( )内はMR対応に適用

温度特性	定格電圧 (V)	4	6.3	10	16	25	35	50	120Hz
	インピーダンス比 Z −25℃/Z +20℃	7	4	3	2	2	2	2	
	Z −40℃/Z +20℃	15	8	6	4	4	4	4	

耐久性	温度85℃ 2000時間 定格電圧 連続印加後、下記項目を満足する
	静電容量変化率：初期値の±20%以内 (MRシリーズ及びφ3：±25%以下)
	tan δ：初期規格値の200%以下
	漏れ電流：初期規格値以下
高温無負荷特性	85℃ 1000時間 無負荷放置後、上記耐久性、他の規格値を満足する
表示	ブラックスリーブに白色表示

■寸法図 04形

品番コード体系 (例：25V 10μF)

U M A 1 E 100 M DD

- シリーズ名：品品
- 定格電圧 (2.5V)
- 定格静電容量 (10μF)
- 容量許容差 (±20%)
- 用途略号
- サイズコード
- φD コード

φD	3	4	5	6.3	8
P	1.0	1.5	2.0	2.5	3.5
φd	0.4	0.45	0.45	0.45	0.5

分類記号

φD	裸リードタイプ P形(Mシリーズ品)コード
3	CD
4〜8	DD

お願い：φ5品については、12形は別にサイズコード R を明記ください。

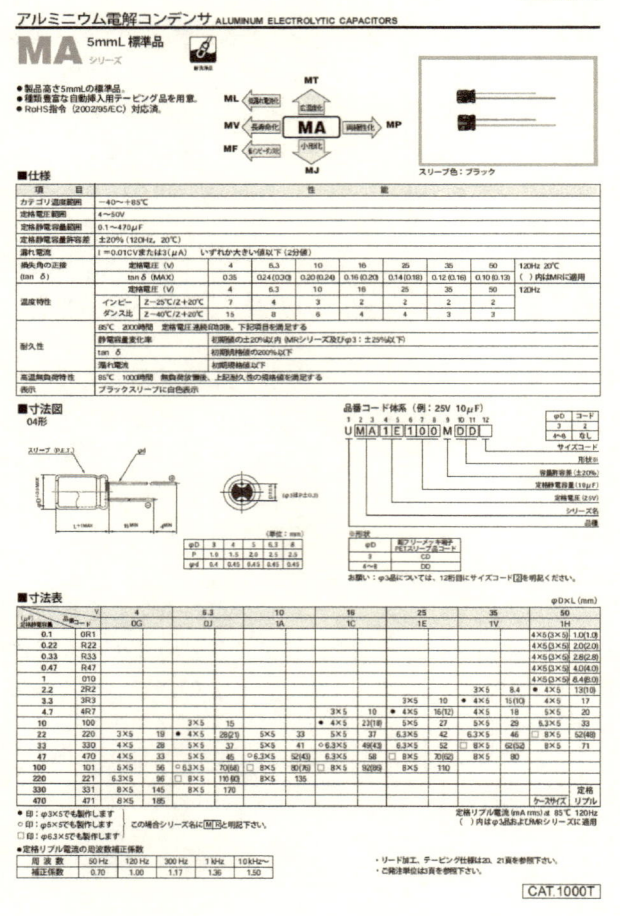

■寸法表
φD×L (mm)

定格電圧→ / 容量↓	4 0G	6.3 0J	10 1A	16 1C	25 1E	35 1V	50 1H
0.1 0R1							4×5 (3×5) 1.0 (1.0)
0.22 R22							4×5 (3×5) 2.0 (2.0)
0.33 R33							4×5 (3×5) 3.0 (3.0)
0.47 R47							4×5 (3×5) 4.0 (4.0)
1 010							4×5 (3×5) 8.4 (6.0)
2.2 2R2						3×5	5.4
3.3 3R3						3×5	10 4×5 15.0 (10) 4×5 17
4.7 4R7					3×5	4×5 16 (12) 4×5 18 5×5 20
10 100			3×5	4×5	4×5 23 (18) 5×5 29 6.3×5 33
22 220	3×5 19	3×5	4×5	28 (21) 5×5 33 5×5 37 6.3×5 46 8×5 52 (48)
33 330		4×5	5×5	41 6.3×5 49 (43) 6.3×5 52 8×5 62 (52) 8×5 71
47 470	4×5	33 5×5	46 ○6.3×5 52 (46) 6.3×5 58 8×5 70 (62) 8×5 80
100 101	5×5	56 ○6.3×5 70 (64) 8×5 77 (70) 8×5 92 (89) 8×5 110
220 221	6.3×5	96 8×5 110 (93) 8×5 135
330 331	8×5	125 8×5 145 8×5 176
470 471	8×5	145 8×5 176

ケースサイズ / リプル

- ● 印：φ5×5 でも製作します
- ○ 印：φ6.3×5 でも製作します。この場合シリーズ名に M15 と明記下さい。
- □ 印：φ6.3×5 でも製作します。

●定格リプル電流の周波数補正係数

周波数	50Hz	120Hz	300Hz	1kHz	10kHz〜
補正係数	0.70	1.00	1.17	1.36	1.50

定格リプル電流 (mA rms) 85℃ 120Hz ( )内はφ3品およびMRシリーズに適用

- リード加工、テーピング仕様は20, 21頁を参照下さい。
- ご発注単位は22頁を参照下さい。

CAT.1000T

図1.30　ニチコン㈱のMAシリーズ

第1章 電子回路を設計する

■寸法表

(μF) 定格静電容量	品番コード V	4 0G		6.3 0J	
0.1	0R1				
0.22	R22				
0.33	R33				
0.47	R47				
1	010				
2.2	2R2				
3.3	3R3			φD×L(mm)	
4.7	4R7				
10	100			3×5	15
22	220	3×5	19	4×5	28(21)
33	330	4×5	28	5×5	37
47	470	4×5	33	5×5	45

■寸法図
04形

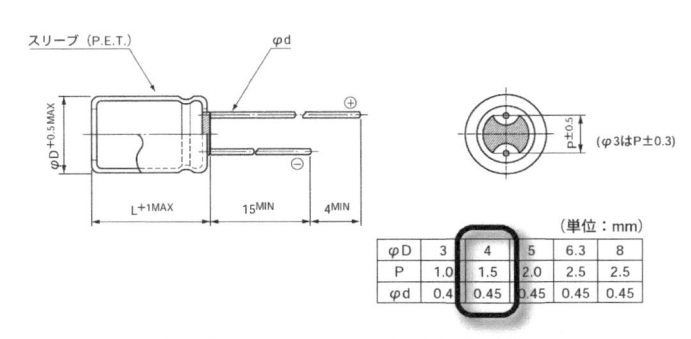

(単位：mm)

φD	3	4	5	6.3	8
P	1.0	1.5	2.0	2.5	2.5
φd	0.4	0.45	0.45	0.45	0.45

図1.31　MAシリーズの定格と寸法

③品名（品番）

6.3V、22μFでφ4mmですから、**図1.31**と**図1.32**にしたがって品番を求めると、「UMA0J220MDD」となります。

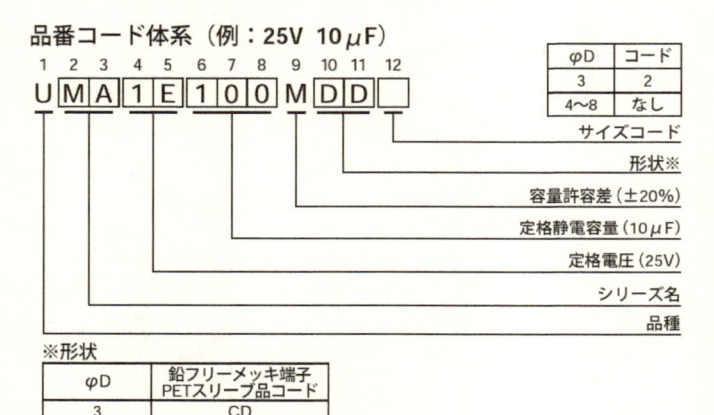

品番コードの体系（例：25V 10μF）

```
 1 2 3 4 5 6 7 8 9 10 11 12
 U M A 1 E 1 0 0 M D  D
```

φD	コード
3	2
4〜8	なし

- 1〜3: 品種
- 4: シリーズ名
- 5: 定格電圧 (25V)
- 6〜8: 定格静電容量 (10μF)
- 9: 容量許容差 (±20%)
- 10: 形状※
- 11〜12: サイズコード

※形状

φD	鉛フリーメッキ端子 PETスリーブ品コード
3	CD
4〜8	DD

お願い：φ3品については、12桁目にサイズコード②を明記ください。

図1.32　MAシリーズの品番コード

④点滅周期の再計算

コンデンサの定格静電容量が決まりましたので、これまでの回路定数を用いて、点滅周期の最終的な設計値を求めておきます。

$t = 0.69 \times C_1 \times R_1 = 0.69 \times 22\mu F \times 39k\Omega ≒ 約0.59秒$

これが、それぞれのLEDが点灯している時間となります。

また、コンデンサの種類として「アルミ電解」を選びましたので、回路図記号も変更しなくてはなりません。

図1.33に最終的な回路図を示します。

第1章 電子回路を設計する

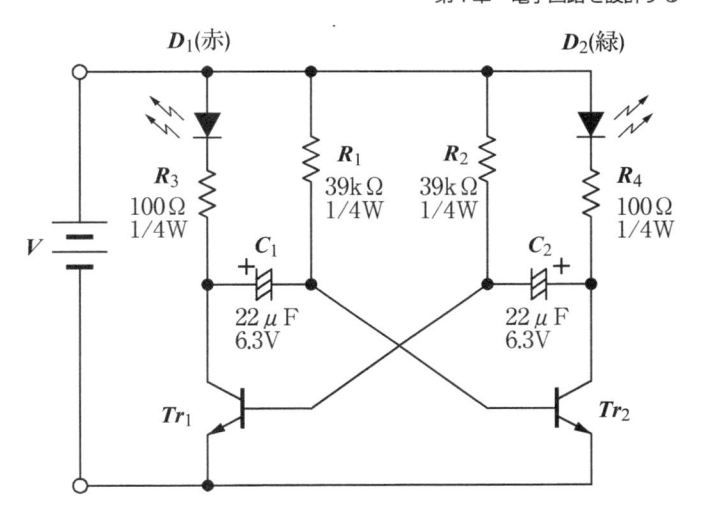

V:3V（単三アルカリ乾電池 ×2本）
Tr_1、**Tr_2**:2SC1815GR（東芝セミコンダクター社）
D_1:SLR-332VR（ローム㈱）
D_2:SLR-332MG（ローム㈱）
R_1、**R_2**:CF1/4C393J（コーア㈱）
R_3、**R_4**:CF1/4C101J（コーア㈱）
C_1、**C_2**:UMA0J220MDD（ニチコン㈱）

図1.33 設計した無安定マルチバイブレータ回路

ところで、この電解コンデンサには極性があるので、各トランジスタのコレクタ端子に接続されている方をプラスにします。また、**1.3節**では触れませんでしたが、トランジスタがONになった瞬間に$-V_{BE(sat)}$（最大1V程度）の逆電圧がコンデンサに加わります。しかし、電圧が低く印可時間が短いことと、電源に向かって電流が流れないことの2つの理由で、破損

53

に至ることはありません。

第2章
腕と道具をそろえる

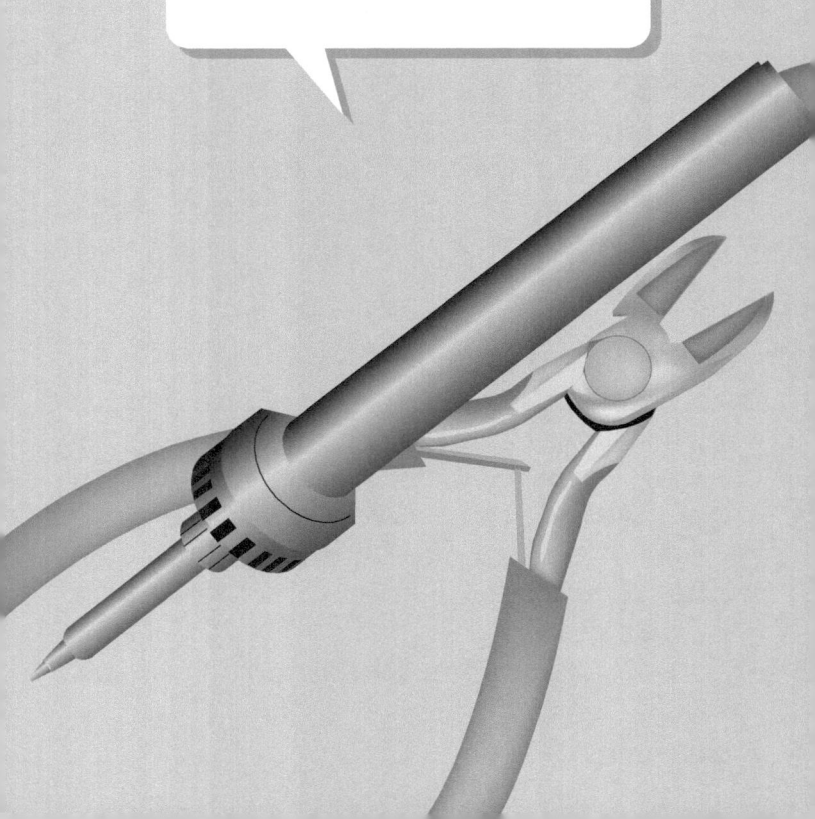

白紙から回路図を描いたときは、どんなに自信があっても、ブレッドボードという器具で動作確認を行うべきです。ブレッドボードは、あらかじめ隣同士を連結した金属端子穴に、部品のリード線を挿入して配線するもので、くわしくは**第3章**で述べます。

　思わぬ見落としがあっても、ブレッドボード上であれば、たやすく部品の交換ができるのが最大のメリットです。

　しかし、ここで重要なのは、ブレッドボードでもハンダ付けを使うことがあるという点です。ブレッドボードは、確かに便利な器具ですが、使用できる電子部品に制限があるのです。それを補うには、ハンダ付けの「腕」が必要です。

　第2章では、「腕と道具」をそろえます。単に、ハンダゴテやラジオペンチを購入するだけではなく、トレーニングを終えた腕と一体になって初めて、失敗しない配線が可能になるのです。トレーニングは単純です。リード線を折り曲げる、被覆をはぐ、ハンダを溶かす。電子回路の製作は、そうした基本操作の繰り返しなのです。

2.1　ユニバーサル基板

　電子回路が長期間にわたって安定に動作するには、どうしても、ハンダ付けによって電子部品を「基板」に実装する必要があります。電子部品を基板へ実装するときの信頼性が、製品の性能・信頼性を大きく左右するのです。試作品も同様です。

　基板実装の主な目的は、電子部品を機械的に固定し、電気的に接続することですが、ハンダ付けの際の熱の影響も考慮しなくてはなりません。

　ここでは、「基板」の知識と試作に適したユニバーサル基板の選び方を述べます。

第2章 腕と道具をそろえる

①プリント基板

　電子回路用の基板は、「プリント基板」、「プリント配線板」や「プリント回路基板」とも呼ばれます。本書では、プリント基板で統一します。

　基板実装の母体になるもので、銅箔を除く部分は、絶縁体です。そのため、材料の主体はプラスチック樹脂で、これには大きく「リジッド基板」と「フレキシブル基板」があります。

　リジッド基板は硬い平板に銅箔を張ったもので、フレキシブル基板は、狭い電子機器の中でも配置しやすいようフィルム状に作られた基板です。

　また、特殊なものにはセラミック基板があり、さらに、ほうろう基板や表面酸化などによって表面を絶縁体化し、放熱性を向上させた金属基板などもあります。

　プラスチック樹脂のプリント基板は、配線用導体として銅箔を接着剤によって張り合わせてあります。これを、銅張積層板といいます。大量生産の場合、銅張積層板をエッチングによって配線形成します。さらに、ソルダレジストによって、電極以外の配線部を被覆し、ハンダが付着しないようにしています。

　大まかな工程は、次の4つです。
　(1)エッチングによる配線パターン形成
　(2)ソルダレジスト形成（ハンダの流れを制限する印刷）
　(3)シルク印刷（基板へ文字や図形を印刷すること）
　(4)表面処理（フラックスの塗布やメッキ処理）

②2つのユニバーサル基板

　基本的にプリント基板は、何らかの回路が銅箔として張り付けてあるものを指しますが、その「回路」をできる限り簡略化したものがユニバーサル基板であるといえます。

その中でも代表的なのが、**図2.1**のドットパターンと**図2.2**のICパターンです。電子回路を試作するにあたっては、これら2種類を必要に応じて使い分けることが望ましいのです。

　また、ランドとランドの間隔は2.54mmであるものが一般的です。ここで「ランド」とは、ハンダを載せるための穴のあいた銅箔パターンのことを指します。

　ドットパターンは、多数のドーナツ形ランドを等間隔に配置したもので、リード線が付いた電子部品であれば、ほぼすべての実装が可能です。

　一方、ICパターンは、2.54mmピッチのDIP（Dual Inline Package）に合わせて作られたユニバーサル基板です。DIPとは、長方形のパッケージの長手方向の両辺に、外部入出力用のピンを並べたものですが、パッケージの幅にはランドを設けずに、電源ラインとグラウンドラインを配置して、複数のDIPを配線しやすく工夫してあります。

③片面基板と両面スルーホール基板

　ユニバーサル基板の断面構造としては、主に片面、両面および両面スルーホールがあります。

　片面基板は、基材（絶縁材の板）の片面にだけランドがあるもので、反対側の「部品面」からリード部品を挿入します。比較的、低価格なユニバーサル基板で用いられる構造ですが、ランドの面積が小さいと、ハンダ付けの際に熱が集中しやすく、いとも簡単にランドがはがれ落ちます。

　片面基板は、初心者向けのように見られる傾向があるようです。しかし、意外に思われるかもしれませんが、実際にはかなり繊細な加熱のコントロールが必要なのです。

　次に両面基板は、ランドが基材の両面にあるものですが、双

第2章 腕と道具をそろえる

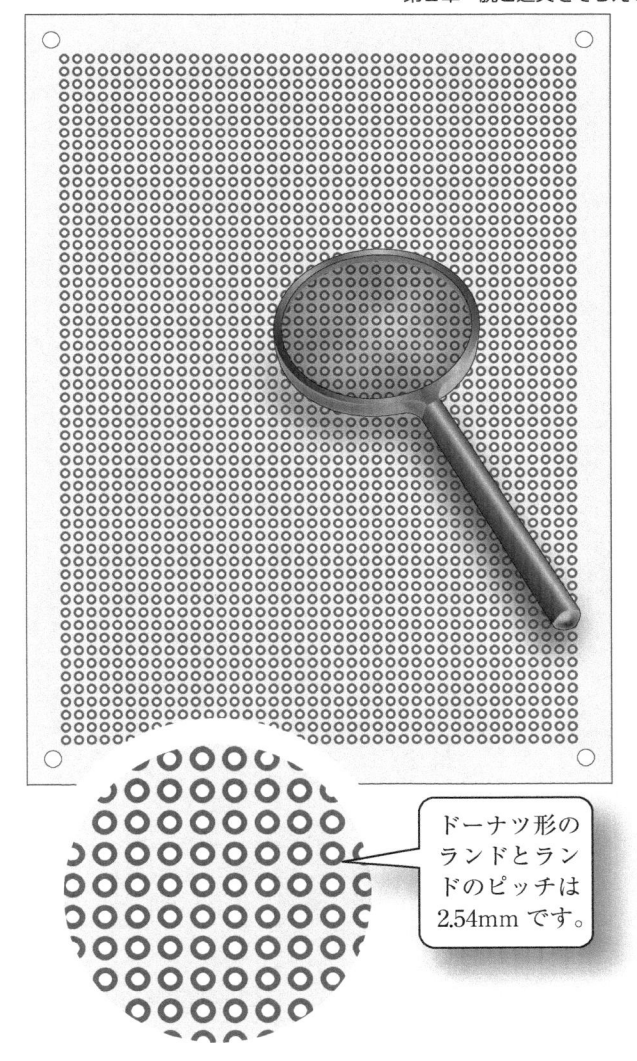

ドーナツ形の
ランドとラン
ドのピッチは
2.54mm です。

図2.1 ドットパターンのユニバーサル基板

2本のラインは絶縁されているため、電源ラインとグラウンドラインとして使うことができます。

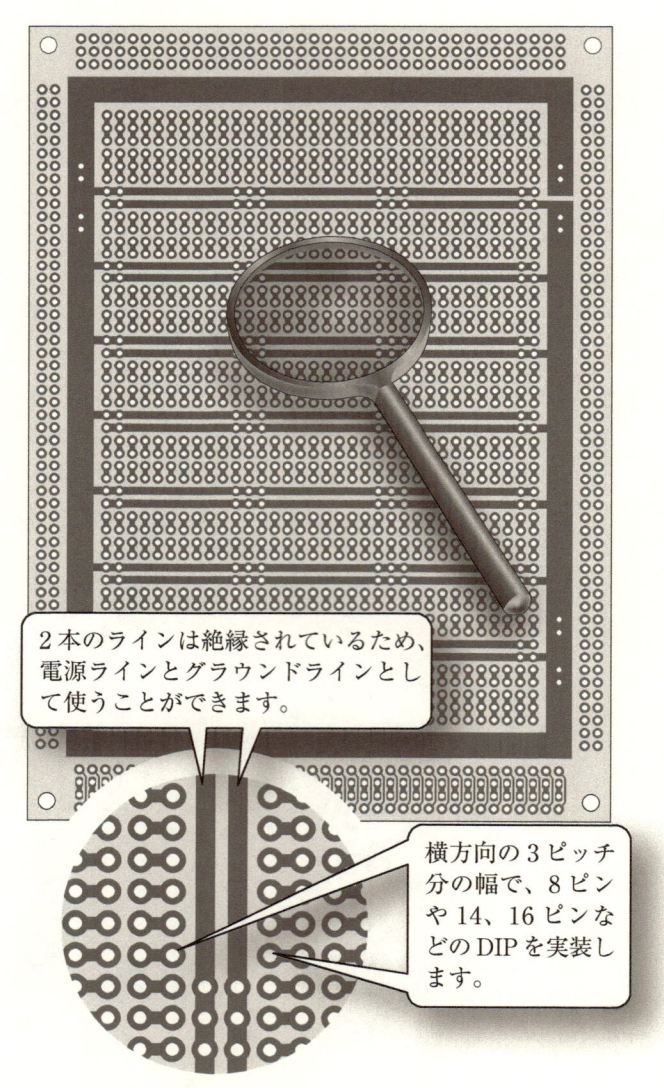

横方向の3ピッチ分の幅で、8ピンや14、16ピンなどのDIPを実装します。

図2.2 ICパターンのユニバーサル基板

方のランド間には電気的な接続がありません。メリットとしては、両側からリード部品を実装できることが挙げられます。表と裏に、電気的に独立したスズメッキ線を配置することによって、複雑な配線をコンパクトにまとめることができます。

もう1つは、両面基板の貫通穴に無電解メッキをほどこし、両面のランド間を導通させた両面スルーホール基板です。1つのランド当たりの導体表面積が、片面と両面に比べて広くなることによって、ハンダ付けの信頼性が高まり、リード線の固定強度も向上します。ただし、**第4章**でも述べますが、ユニバーサル基板で両面スルーホールの場合、スズメッキ線を配置した際のハンダ付けに手間がかかるというデメリットもあります。

そこで本書では、基板の構造によって用途や作業性が異なることを体験していただくために、多々あるユニバーサル基板の中から、以下④と⑤の2種類を取り上げることにしました。

④ドットパターンの両面スルーホール基板

図2.1は、㈱秋月電子通商で販売されているAE-6です。基板自体の強度が非常に高く、湾曲しにくいため、穴加工や切断する試作に適します。

　　寸法　　　：114mm×155mm（厚み1.6mm）
　　構造　　　：両面スルーホール
　　材質　　　：ガラス・エポキシ（**コラム3**参照）
　　仕上処理　：ハンダメッキあり、ソルダレジスト等なし
　　パターン　：2.54mmピッチドットパターン
　　穴径　　　：直径約1mm

⑤ICパターンの片面基板

一方、**図2.2**はサンハヤト㈱のICB-96GU、代表的なICパ

ターンです。厚みが薄く軽いため、配線量の多いディジタル回路を作るときに作業しやすい基板です。

 寸法 ：115mm × 160mm（厚み1.2mm）
 構造 ：片面
 材質 ：ガラス・コンポジット（**コラム3参照**）
 仕上処理 ：ハンダメッキあり、ソルダレジスト等なし
 パターン ：2.54mmピッチICパターン
 穴径 ：直径0.9mm

なお、④と⑤のいずれのハンダにも鉛が含まれ、RoHS非対応ですので、試作用として限定した方がよいでしょう。

2.2　カーボン抵抗器を曲げる

ここから、よく使われる電子部品のリード線や電線を、指や工具で曲げ加工（フォーミング）する方法を説明していきます。

電子回路製作に工具が不可欠であることは、誰でも知っていることですが、それぞれの工具がはたす役割を理解しないうちに多数の工具をそろえてしまうのは考えものです。

そのため、必要になったときに、その都度、工具を紹介していくことにしました。

最初に紹介する工具は、実は皆さんの「指」です。そして、扱う部品は、カーボン抵抗器です。

①カーボン抵抗器を選ぶ（図2.3）

使用するカーボン抵抗器は、4分の1ワット（1/4W）で、抵抗値は問いません。ただし、**第1章**で取り上げた39kΩか100Ωを使えば、そのまま**第3章**でブレッドボードに実装することができます。

具体的な型番としては、コーア㈱のCF1/4C393JとCF1/4C

コラム3：プリント基板材料の規格

2.1節では、選定したユニバーサル基板について述べました。そこでは、基板材料について、単に「ガラス」と表記していました。しかし、これは正式な名称ではありません。基板材料は規格に基づいて分類されていますので、他の材料とともに学びましょう。

米国のANSI規格には、プリント基板材料に関する規格が2つあります。

①FRグレード

FRはFlame Retardantの略語で、銅張積層板の耐燃性材料の耐熱性のグレードを示します。

FR-1とFR-2：紙基材フェノール樹脂積層板
FR-3：紙基材エポキシ樹脂積層板
FR-4：ガラス基材エポキシ樹脂積層板
（一般にガラス・エポキシと呼ばれます。ガラス布にエポキシ樹脂を含ませて樹脂合成したものを、重ね合わせたものです）
FR-5：耐熱およびガラス基材エポキシ樹脂積層板
FR-6：基材にガラスマットを使用しポリエステル樹脂を含浸した積層板

②CEMグレード

CEMはComposite Epoxy Materialの略語です。コンポジットとは「複合」を意味し、ガラス布とそれ以外の材料を複合して作られます。

CEM-1：「セムワン」と呼びます。複合基材を使用したコンポジットの一種で、中心部に紙、表面にガラス布、これらを難燃性エポキシ樹脂で固めた銅張積層板です。
CEM-3：「セムスリー」と呼びます。CEM-1と同様にコンポジットですが、中心部にガラス不織布、表面にガラス布、これらを難燃性エポキシ樹脂で固めた銅張積層板です。

101Jを挙げることができます。このサイズのカーボン抵抗器は、取り扱いがしやすく、ブレッドボードとユニバーサル基板のいずれの作業にも適します。

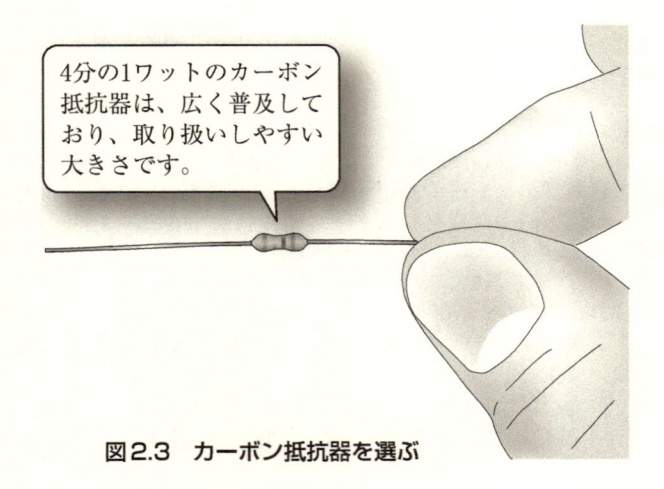

> 4分の1ワットのカーボン抵抗器は、広く普及しており、取り扱いしやすい大きさです。

図2.3　カーボン抵抗器を選ぶ

第2章　腕と道具をそろえる

②右手で固定する（図2.4）

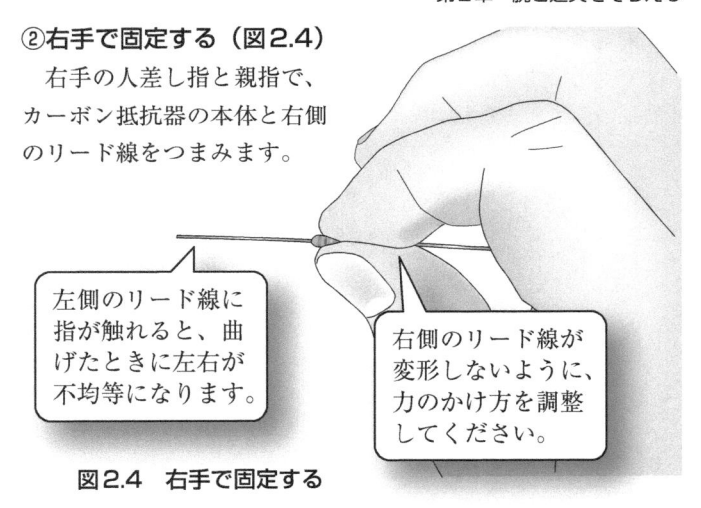

右手の人差し指と親指で、カーボン抵抗器の本体と右側のリード線をつまみます。

> 左側のリード線に指が触れると、曲げたときに左右が不均等になります。

> 右側のリード線が変形しないように、力のかけ方を調整してください。

図2.4　右手で固定する

③左側を曲げる（図2.5）

左側のリードを軽く引っ張りながら、直角になるまで円弧を描きます。

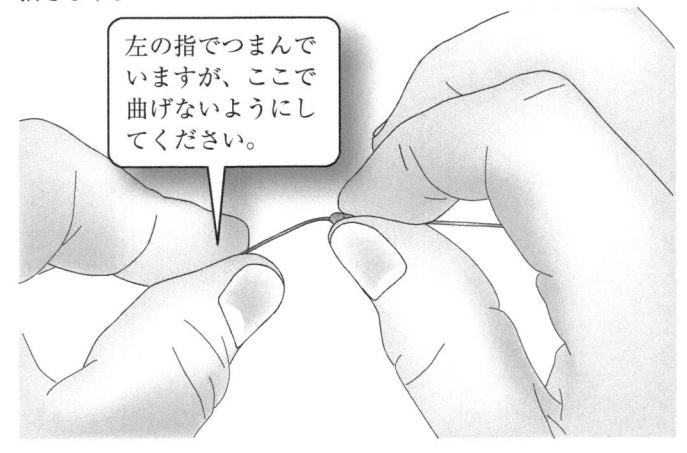

> 左の指でつまんでいますが、ここで曲げないようにしてください。

図2.5　左側を曲げる

④反対側を曲げる（図2.6）

③で直角に曲げた部分を右手に持ち替えて、もう一方について同様の曲げ加工を行います。

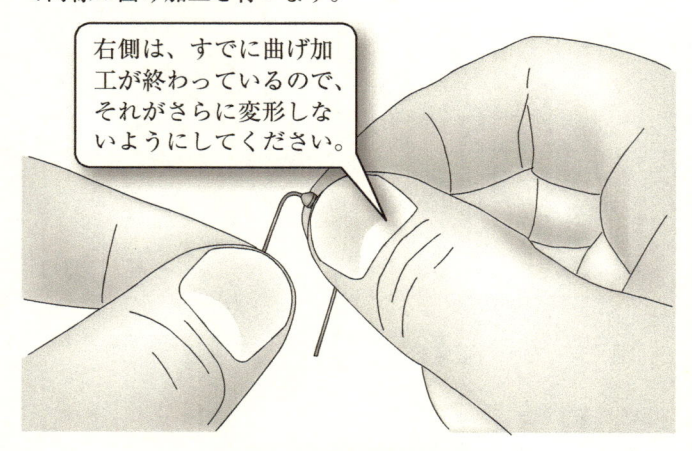

> 右側は、すでに曲げ加工が終わっているので、それがさらに変形しないようにしてください。

図2.6　反対側を曲げる

⑤ユニバーサル基板で確認する（図2.7〜図2.8）

折り曲げたカーボン抵抗器を、ユニバーサル基板に近づけてみましょう。

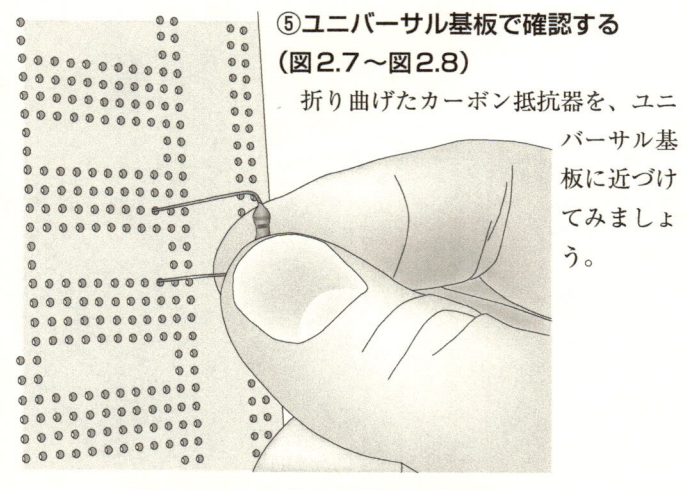

図2.7　ユニバーサル基板で確認する(a)

第2章 腕と道具をそろえる

> 指だけの作業は大ざっぱに見えますが、4分の1ワットのカーボン抵抗器ならば、おおむね2.54mm×4ピッチ分になります。

> 基板の側面から見た様子です。指だけを使っていますので、抵抗器の両肩、つまりリード線が、どうしてもゆるやかなカーブを描きます。複数の曲げ加工を行うと、それらの仕上がりがばらつきますが、手早く試作することを目的にするのであれば、大きな問題はありません。

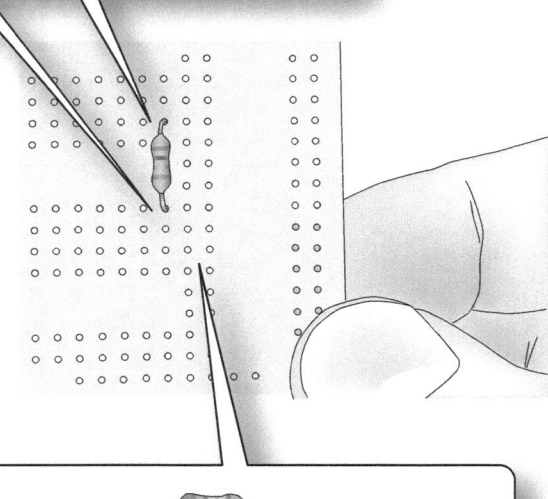

図2.8 ユニバーサル基板で確認する (b)

2.3 ラジオペンチでカーボン抵抗器を曲げる

2.2節で見たように、ユニバーサル基板上で、2.54mm × 4 ピッチに実装するとき、指だけで曲げても比較的きれいに取り付けることができます。

しかし、部品の種類やランド間のピッチが異なるときは、きれいに取り付けることができません。ラジオペンチを使った折り曲げ加工を練習しておくと、さまざまなピッチに対応した加工ができるようになります（図2.9）。

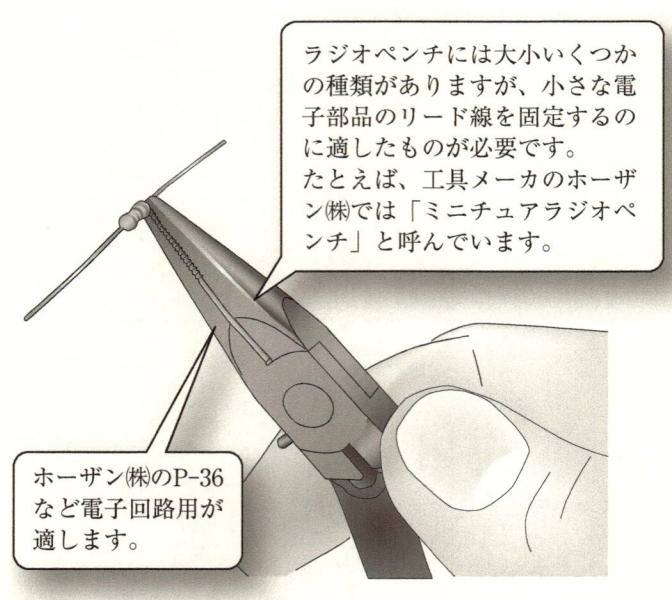

> ラジオペンチには大小いくつかの種類がありますが、小さな電子部品のリード線を固定するのに適したものが必要です。
> たとえば、工具メーカのホーザン㈱では「ミニチュアラジオペンチ」と呼んでいます。

> ホーザン㈱のP-36など電子回路用が適します。

図2.9　ラジオペンチを選ぶ

①カーボン抵抗器を固定する（図2.10）

　ラジオペンチはカーボン抵抗器のリード線の根元をはさむために使います。**2.2節**で折り曲げたときの右手に相当します。そのため、ここでのラジオペンチは、リード線と抵抗器本体との間に無理な力がかからないようにするための固定具であるといえます。

　ペンチというと、太い針金を曲げるときに強くはさんで、そのまま腕をねじったり、引っ張ったりする工具と考えることが多いようですが、精密な電子部品を扱うときにはそれに適した使い方があるのです。

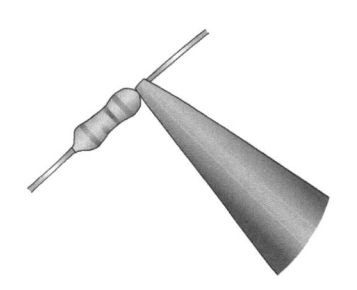

図2.10　カーボン抵抗器を固定する

②左手で抵抗器を押さえる（図2.11）

左手の親指と中指を使って抵抗器の本体を軽くつまみ、人差し指で、ラジオペンチがはさんでいるリード線の根元に力を加えます。このとき、人差し指で加える力の向きは、自分の顔の方向です。

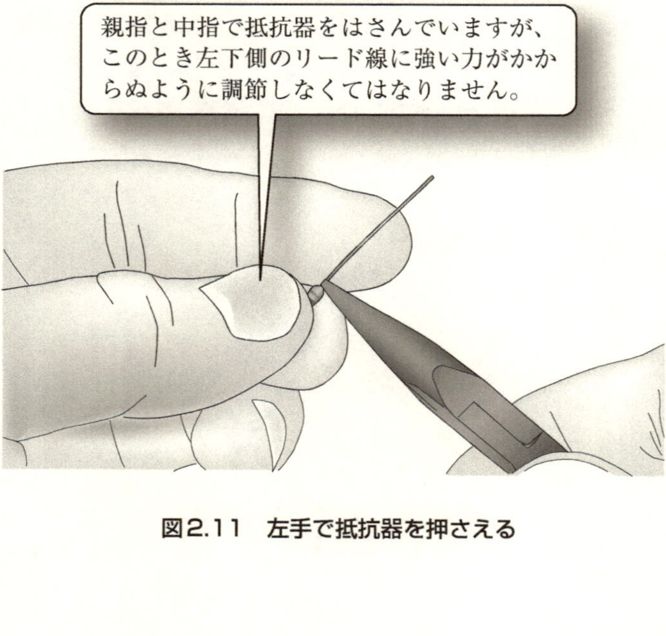

> 親指と中指で抵抗器をはさんでいますが、このとき左下側のリード線に強い力がかからぬように調節しなくてはなりません。

図2.11　左手で抵抗器を押さえる

第2章 腕と道具をそろえる

③リード線を直角に曲げる（図2.12）

　左手の人差し指を使って、抵抗器右側のリード線を直角付近まで曲げます。そして、左手を離します。この間、右手は静止したままです。

> ラジオペンチには、リード線をはさむ面にローレットというギザギザが付いているものと、ツルツルしたものがあります。
> こうした折り曲げ加工がひんぱんにあるときは、部品ごとにそろえた方が実装後もきれいです。
> ラジオペンチは先端に近づくほど、リード線をはさむ幅が小さくなりますので、ローレットの位置を目安にすると、折り曲げ寸法を調整しやすくなります。

> 注：ローレットの溝方向に対してずれた角度でリード線をはさむと、傷が付くため、丁寧に扱いましょう。

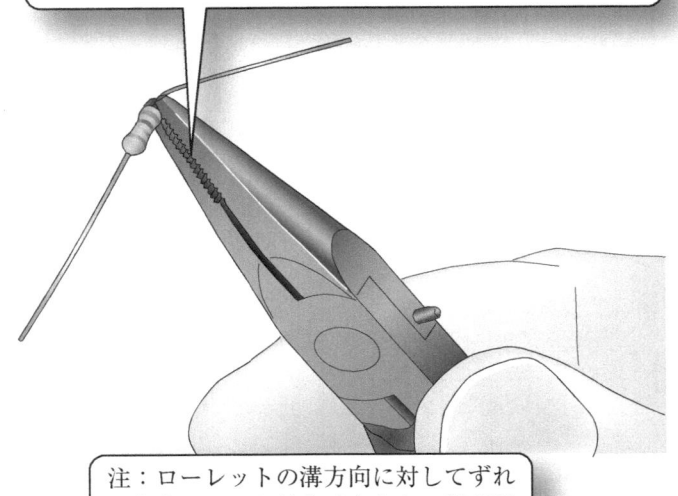

図2.12　リード線を直角に曲げる

④反対側のリード線を曲げる（図2.13）

カーボン抵抗器を持ち替え、反対側のリード線を曲げます。

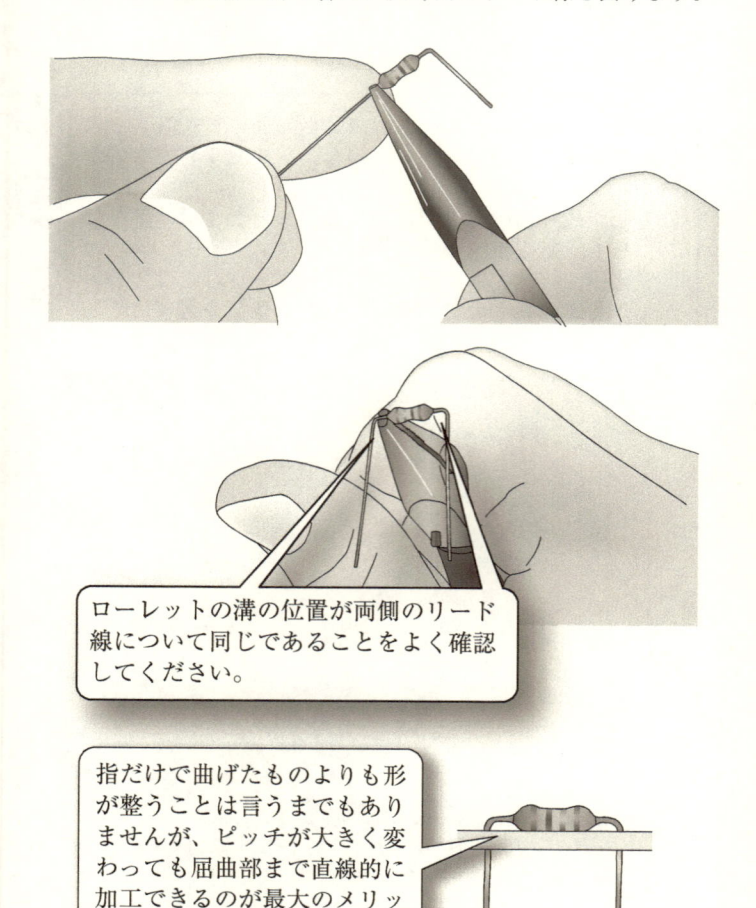

ローレットの溝の位置が両側のリード線について同じであることをよく確認してください。

指だけで曲げたものよりも形が整うことは言うまでもありませんが、ピッチが大きく変わっても屈曲部まで直線的に加工できるのが最大のメリットです。

図2.13　反対側のリード線を曲げる

第2章 腕と道具をそろえる

⑤ラジオペンチの注意事項

何度も同じことを述べますが、**図2.14**のように、電子部品のリード線を直接ラジオペンチで曲げてはいけません。

このような曲げ加工を行うと、カーボン抵抗器に限らず、電子部品の本体に無理な引っ張り力が働き、リード線の取り付け部が破損したり、半導体部品であれば電気的特性を劣化させることもあります。

カーボン抵抗器の本体

ここに、無理な引っ張り力が働きます。

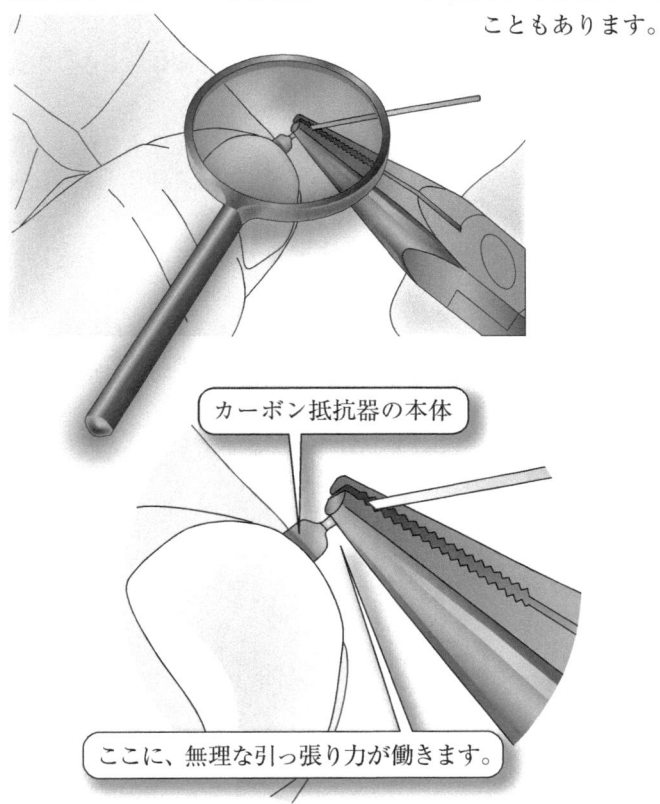

図2.14 ラジオペンチの注意事項

2.4 トランジスタをフォーミングする

電子部品の中には、小型のラジオペンチを使っても、丁寧にはさむことができないような細いリード線を備えたものがあります。たとえば、TO-92パッケージの小信号用トランジスタのリード線もその1つです。

このような場合は、ピンセットを使います。ただし、電子回路用です。私たちが家庭で目にする医療用ピンセットは、脱脂綿には便利ですが、小さな電子部品をはさむには明らかに不向きです。

電子回路用のピンセットは、指では持ちにくい小さな部品を楽にはさめるように設計されています。**図2.15**は、その代表的な形状ですが、(1)肉厚があって変形しにくい (2)わずかな力で閉じることができる (3)閉じたとき先端がそろっている、つまり加工精度が高い などの特長があります。

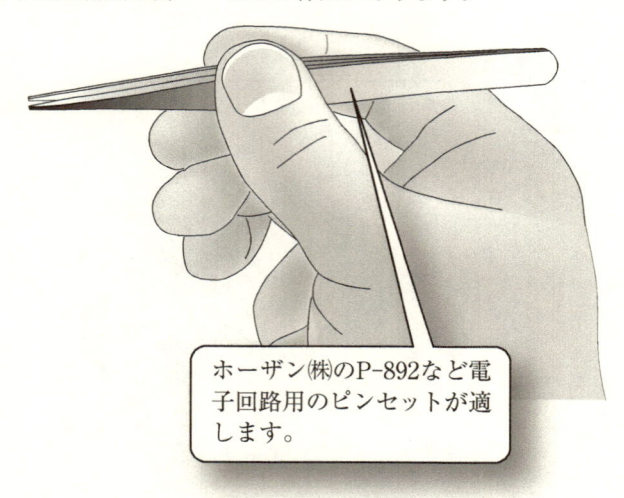

ホーザン㈱のP-892など電子回路用のピンセットが適します。

図2.15 ピンセットを選ぶ

第2章 腕と道具をそろえる

①ベース端子をはさむ

ディスクリート部品の多くは、リード線の根元がふくらんでいます。これは、実装するときに基板から距離を置くための「止まり」と呼ばれるものですが、手づくりで曲げ加工するときは、このふくらみを固定位置にします。

図2.16は、2SC1815のベース端子をピンセットではさんでいる様子です。手順は、まず左手で3本のリード線を一度につまんでから、ベース端子の止まりに合わせるようにピンセットではさみます。

- エミッタ端子
- コレクタ端子
- ベース端子

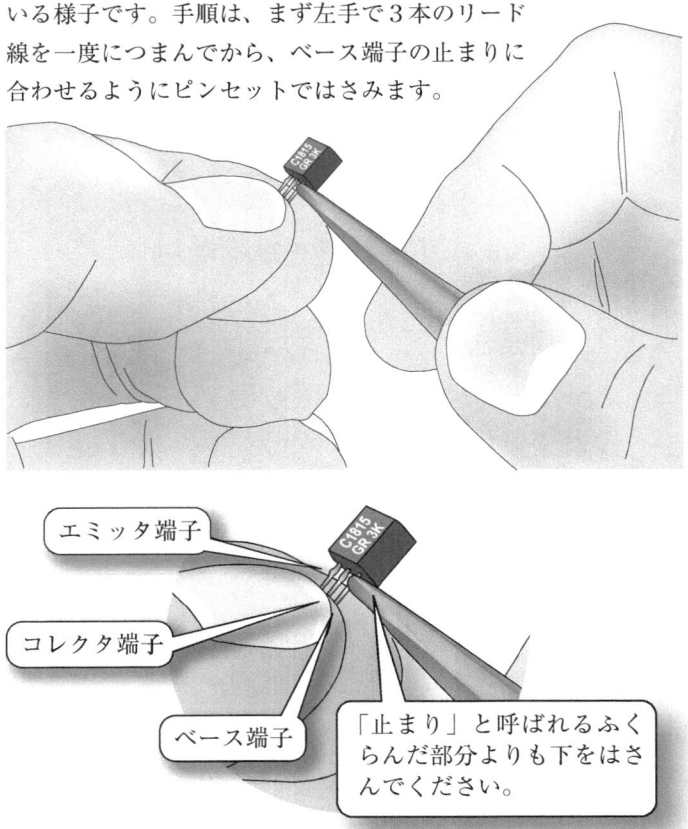

「止まり」と呼ばれるふくらんだ部分よりも下をはさんでください。

図2.16 ベース端子をはさむ

②リード線を円弧状に曲げる（図2.17）

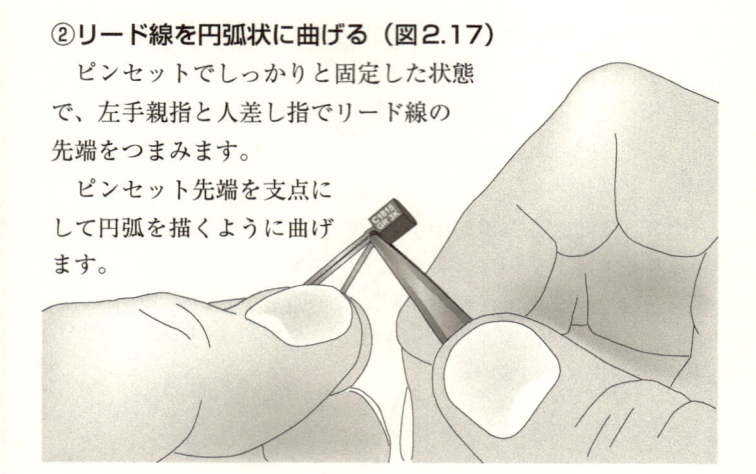

　ピンセットでしっかりと固定した状態で、左手親指と人差し指でリード線の先端をつまみます。

　ピンセット先端を支点にして円弧を描くように曲げます。

図2.17　リード線を円弧状に曲げる

③ハの字形に曲げる（図2.18）

　裏かえして、②と同様にしてエミッタ端子のリード線を曲げます。このとき、型番の印刷された面から見てハの字形になるように均等に開いていることを確認します。

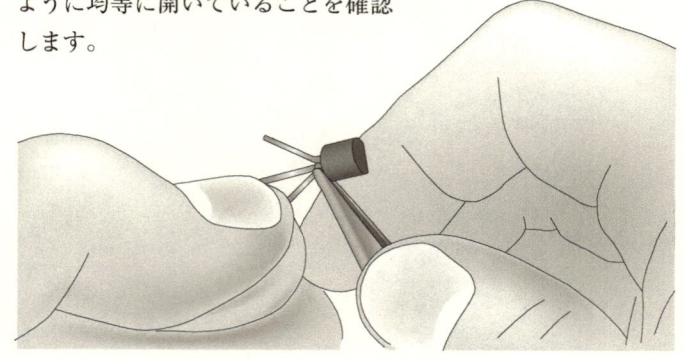

図2.18　ハの字型に曲げる

第2章 腕と道具をそろえる

④2.54mmピッチに曲げる（図2.19）

ベース端子が、コレクタ端子と平行になるように、くの字形に折り曲げます。このとき、ピンセットでどこをはさむと2.54mmになるのか、ユニバーサル基板を近くに寄せて、寸法を確認しながら行う必要があります。

> 左手の親指を使って、ベース端子のリード線をコレクタ端子に平行になるように曲げます。

> 右手の親指と人差し指でピンセットを握っています。

> カーボン抵抗器のリード線よりもやや硬いため、親指の皮膚に少し食い込みます。

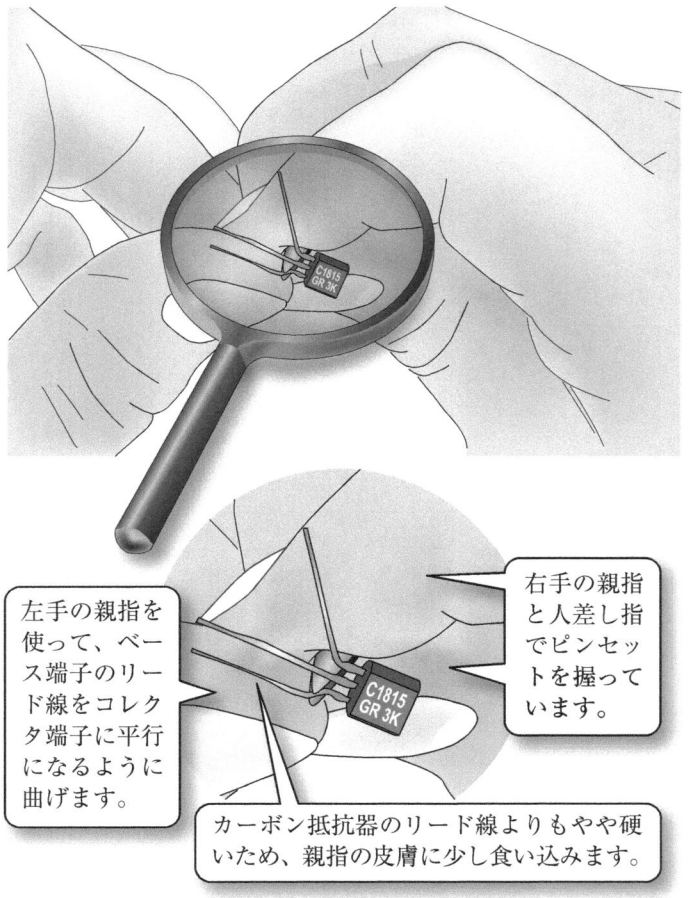

図2.19　2.54mmピッチに曲げる

⑤3本のリード線を平行にそろえる（図2.20）

さらに、エミッタ端子をくの字形に折り曲げます。3本が平行になったら、実際にユニバーサル基板の穴に入れてみましょう。

TO-92パッケージでは、エミッタ端子とベース端子について、それぞれ2回の折り曲げが必要です。やさしそうに見えますが、何個行っても均一に仕上がるようトレーニングします。

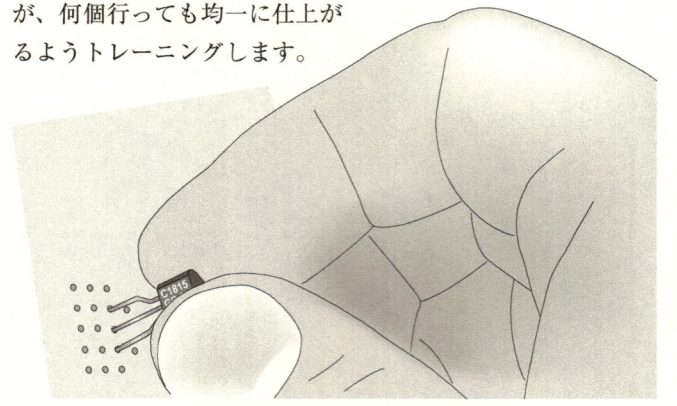

図2.20　3本のリード線を平行にそろえる

コラム4：リード線の材料

電子部品のリード線には、主に銅の合金とニッケル－鉄合金が使われます。カーボン抵抗器には銅合金、小信号用トランジスタにはニッケル－鉄合金です。そのため、抵抗器であれば指を使っても容易に曲げられますが、トランジスタの場合、細くても工具が必要なのです。

また、部品端子の表面には、ハンダ付けを容易にしたり、線材の酸化を防ぐため、メッキが施されます。

鉛ハンダが使われる場合は、スズと10％鉛の合金、また鉛フリーでは、スズや、スズ－ビスマス、スズ－銅、ニッケル－金などの合金が使われます。

2.5 電線の基礎知識

電子回路を作る上で避けられないのは、電線の端末処理です。ブレッドボードでは「単線」を用い、ユニバーサル基板では「より線」を用います。いずれも絶縁のために覆っている被覆をむいて、銅線を露出させなくてはなりません。

ここでは、電子回路の試作で用いる電線の基礎知識に触れます。

①導体材料

電気を通しやすい金属には、金、銀、銅、アルミニウムなどいくつもありますが、導体材料のほとんどは銅です。専門用語を並べることになりますが、導電率と熱伝導率が高く、延性に富み、適度な強度があり、他の金属との合金や、他の金属によるメッキが容易、というように導体としてほぼ理想的な性能を備えているからです。

ただし、銅は酸化が避けられないため、電子部品のリード線同様、スズやハンダでメッキを施します。

②1芯絶縁電線

導体の上に絶縁体を被覆したものを、1芯絶縁電線と呼びます。これは、1種類の電気信号を伝達する一般的な電線のことです。

絶縁体のポイントは絶縁材料の材質と厚さで、これによって耐電圧、絶縁抵抗、耐熱性、耐候性等多くの特性が決まり、導体の断面積との組み合わせから、許容電流が決まります。

③導体構造

「単線」や「より線」は導体構造の名称です。振動や繰り返し

曲げのかからないところでは、単線を使用します。被覆の内側は1本の銅線です。一度折り曲げ加工したら、元の形には戻さないのが基本です。

より線は、電子機器の導体のほとんどを占めます。なぜなら単線に比べて柔軟で折り曲げ強さが大きいためです。単線では、切断するときや被覆をはぐときに導体に傷をつけると、数回曲げただけで亀裂が入ってしまいますが、より線ならば一部の素線が傷つくだけで済みます。

また、同じ断面積のより線であれば、素線の直径を小さくして導体数を増やせば、柔軟性と折り曲げ強さが大きくなります。

そのため、配線後に動かすことの少ないより線では、形のくずれにくい「7本より」が多いのですが、頻繁に繰り返し曲げを受ける場合は「26本より」から「41本より」、また、さらに本数を増やしたものもあります。

④被覆電線

電線の絶縁物としては、塩化ビニル、ポリエチレンなどの合成樹脂、クロロプレンなどの合成ゴムが多く使われていますが、電子回路の配線に適した電線の被覆材料は、熱可塑性樹脂ということばで総称されます。これについては、次の節で述べます。

よく「ビニル電線」と呼ばれますが、これも熱可塑性樹脂の1つです。「ビニル」について用語解説をしておきますが、塩化ビニル、酢酸ビニル、ビニルアセチレン、スチレンなどのビニル化合物の重合体から成る合成樹脂の総称が「ビニル樹脂」、また、これらを加工して作られた製品の総称をビニルと呼んでいます。

2.6　熱可塑性樹脂

　加熱によって原料全体が軟らかくなり、成形可能な流動性を持つようになるプラスチック（樹脂）のことを熱可塑性樹脂といいます。

　比較的低価格で優れた電気特性が得られ、使用後のリサイクルが可能なため、熱硬化性樹脂に比べて環境負荷が低いと評価されています。薄肉で良好な電気特性が得られるため、特に高電圧ケーブルの絶縁体に適しています。絶縁体厚を小さくできるので、熱硬化性樹脂絶縁のケーブルより小型化できるのです。以下、代表的なものを見ていきましょう。

①PVC

　電線用として圧倒的に多いのが、PVC（Polyvinyl chloride：ポリ塩化ビニル）です。耐熱温度は80℃前後ですが、耐候性、耐薬品性に優れているため、広く使われています。

②ナイロン

　ナイロン（nylon）は、ポリアミド系の合成繊維で、衣類に多く用いられています。引っ張り強さや耐屈曲性に優れており、耐薬品性や耐熱性も高いのですが、電線用絶縁材料としては吸湿性が高いのが欠点です。

　そのため電線に使う場合は、被覆のある電線のさらに外を覆う材料（ジャケットと呼ぶ）として使われます。

③ポリエチレンとポリプロピレン

　ポリエチレン（Polyethylene：PE）やポリプロピレン（Polypropylene：PP）は、いずれも付加重合によって得られる高分子化合物で、電気的特性に優れています。

コラム5：電線のサイズ表記
　電線のサイズは通常、導体径や導体断面積で呼ばれます。
　現在広く使われているのは、AWG（American Wire Gauge）とミリメータ・ワイヤ・ゲージ（millimeter wiregauge）の2種類です。

①AWG
　電線の絶縁被覆の上に「AWG20」や「18AWG」という記号が印刷されているのに気づかれたことがあるでしょうか？
「AWG」とは、American Wire Gaugeの略語で、米国で使用されるケーブル内の導体の太さを示すために広く用いられているものです。
　AWG4/0の導体直径を0.46インチ（11.68mm）、AWG36の直径0.005インチ（0.127mm）と定めて、これを等比級数的に39とおりに分けられました。番号の小さい方を太い値に定めたために、この値が大きいほど細くなるのです。
　右の表は、AWG番号と直径・断面積を一覧にしたものです。ここでは、日本の標準であるメートル法による数値だけを列挙しました。また、AWG36よりも細い電線が生産されているため、AWG40まで掲載していますが、これより細い電線も使われています。

②ミリメータ・ワイヤ・ゲージ
　ミリメータ・ワイヤ・ゲージは、国際単位系に基づく表示方法です。単線の場合は、導体の直径をmmあるいは1/10mmの倍数で、また、より線の場合は、断面積をmm^2（square millimeter）で表します。
　電線のさまざまな電気的特性のうち、導体抵抗や電流容量が導体の断面積で決まってくるため、表示を見て簡単な計算をするだけで、電気的特性のいくつかを把握することができます。

AWG線号表

AWG番号	直径 [mm]	断面積 [mm^2]	AWG番号	直径 [mm]	断面積 [mm^2]
4/0	11.68	107.2	19	0.912	0.653
3/0	10.40	85.03	20	0.812	0.518
2/0	9.266	67.43	21	0.723	0.411
1/0	8.251	53.48	22	0.644	0.326
1	7.348	42.41	23	0.573	0.258
2	6.544	33.63	24	0.511	0.205
3	5.827	26.67	25	0.455	0.162
4	5.189	21.15	26	0.405	0.129
5	4.621	16.77	27	0.361	0.102
6	4.115	13.30	28	0.321	0.081
7	3.665	10.55	29	0.286	0.064
8	3.264	8.366	30	0.255	0.051
9	2.906	6.634	31	0.227	0.040
10	2.588	5.261	32	0.202	0.032
11	2.305	4.172	33	0.180	0.025
12	2.053	3.309	34	0.160	0.020
13	1.828	2.624	35	0.143	0.016
14	1.628	2.081	36	0.127	0.013
15	1.450	1.650	37	0.113	0.010
16	1.291	1.309	38	0.101	0.008
17	1.150	1.038	39	0.090	0.006
18	1.024	0.823	40	0.079	0.005

注：紙面の都合で、小数点をはさんだ4桁までを有効数字として丸めて（四捨五入して）います。

ポリエチレンは、プラスチックの中で最も生産量が多く、耐水性、耐化学性が優秀で、低温の屈曲にも耐えます。また、耐熱温度は70〜110℃です。一方、ポリプロピレンはポリエチレンよりも耐熱性が高く、130〜160℃です。機械的強度や耐化学性が高いのも特長といえます。こうした特性のため、電線の被覆を薄くすることができるのです。

④ポリウレタン

　ポリウレタン（Polyurethane：PUR）は、ウレタン結合によって重合した高分子化合物の総称です。耐熱温度は、PEやPPに近い性能で90〜130℃程度です。伸縮性や耐摩耗性にも優れますが、特筆すべきことは強酸や強アルカリに耐えるという点です。

⑤テフロン

　テフロン（Teflon）は、フッ素原子と炭素原子だけで構成されたフッ素樹脂で、電線の被覆材料に使われるときは、通称「テフロン線」と呼びます。

　PVC電線などに比べて耐熱性が格段に高く、たとえばテフロン線のUL10516（**コラム11**参照）の場合、200℃を超えても容易には焦げません。価格が高いという欠点はありますが、耐薬品性や電気絶縁性などあらゆる点で優れた電線であるため、筆者は日常的に愛用しています。耐熱性ゆえにハンダ付けトレーニングには不向きと見られがちですが、安心して「ものづくり」に集中できるので、入門者にはテフロン線を奨めています。

2.7　電線の被覆をはぐ

　使用する工具は、ワイヤストリッパです。この工具の表面に

は、電線の導体部分の寸法、つまり単線やより線の束の最外径が刻印されています。

図2.21の場合、線径が7種類（0.3、0.4、0.5、0.65、0.8、1.0、1.2mm）の電線に適合したストリップ穴があります。初めて使う電線の場合は、あらかじめストリップ穴が適切かどうか実験し、芯線に傷が付かないことを確認しておきましょう。

①ストリップ穴の選定（図2.21）

まず、使用するより線の芯線径に適合する刃を、ワイヤストリッパのいくつかの穴から選びます。電線の仕様書を入手してそのデータよりも少し大きい径のストリップ穴を選びます。

> ホーザン㈱のP-906（細線用）などが適します。

> メーカの仕様に従って、線径0.3/0.4/0.5/0.65/0.8/1.0/1.2（該当AWG32/28/26/24/22/20/18）に適合した電線を選びます。

図2.21 ストリップ穴の選定

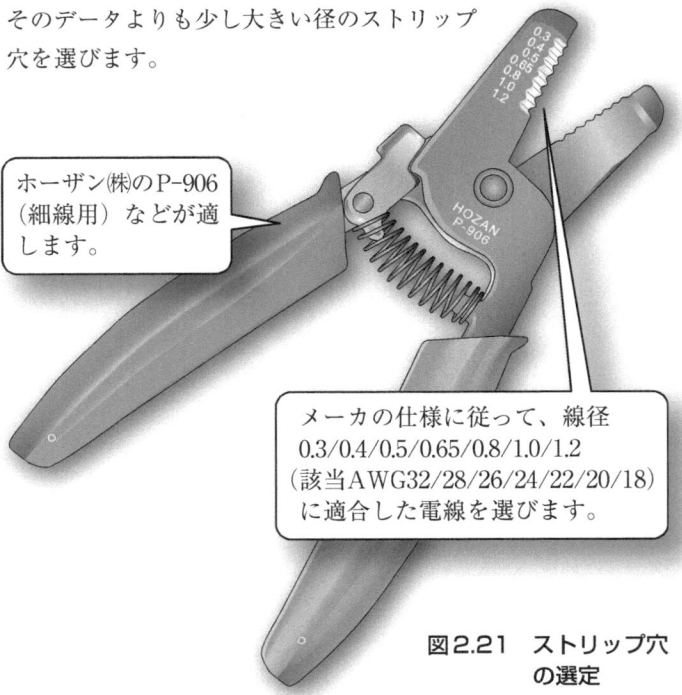

ここでは、より線としてAWG28のテフロン電線（UL1213やUL10516などの7本よりの線）を選びました。一方、ワイヤストリッパについては、実験を数回行った結果、0.5mmのストリップ穴が最も作業性がよいと判断できました。芯線も傷つきません。

②電線を片側の刃に当てる（図2.22）

　右手でワイヤストリッパを持ち、左手の親指と人差し指で電線をつまみます。選定した刃の片側の半円に、電線の被覆がはまるように当てます。

　このとき左手親指の先は、ワイヤストリッパの金属部に接しており、これによって電線が刃からずれないように固定しています。

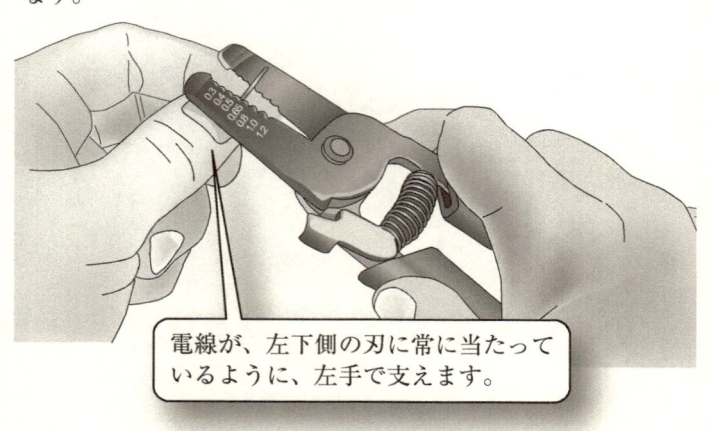

電線が、左下側の刃に常に当たっているように、左手で支えます。

図2.22　電線を片側の刃に当てる

③刃を閉じる（図2.23）

　刃が完全に閉じるまで、ワイヤストリッパをしっかりと握ります。これで被覆の切断が終わります。

　ワイヤストリッパは、被覆だけを切る道具ですので、ここでは「握るだけ」です。多くの入門者は、ワイヤストリッパを傾けたり、強く引っ張ろうとします。それでは、芯線に傷が付いてしまいます。実は「引っ張らない」ことが、この工具をうまく使いこなすコツなのです。

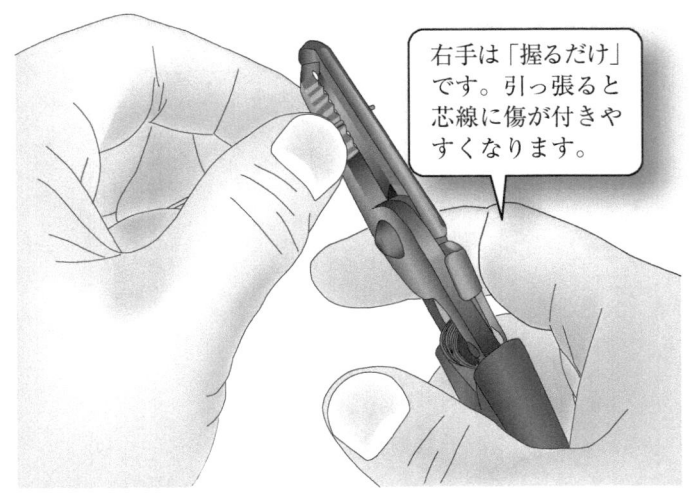

右手は「握るだけ」です。引っ張ると芯線に傷が付きやすくなります。

図2.23　刃を閉じる

④人差し指で刃を押し出す（図2.24）

電線をつまんでいる親指と人差し指にさらに力を入れ、人差し指だけを前に、ゆっくりと押し出します。被覆の一部が、電線の中でまだ切れずに残っていますから、これが外れるまでは硬く感じます。

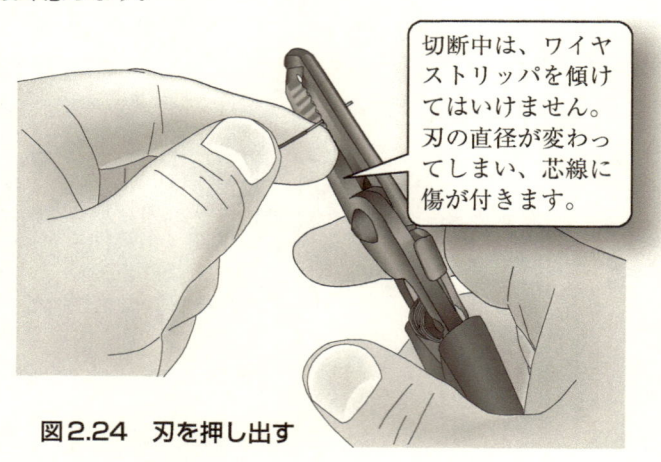

> 切断中は、ワイヤストリッパを傾けてはいけません。刃の直径が変わってしまい、芯線に傷が付きます。

図2.24　刃を押し出す

2.8　ハンダ付けの基礎知識

ハンダ付けは、接合技術の分類によって、溶接の中の「ろう接」に含まれている方法の1つです。その基本原理は、接合すべき母材を溶かすことなく、そのつなぎ目に、母材よりも融点の低い金属または合金を溶融、流入させて接合することです。

このとき、つなぎ目に充填されるものを「ろう」といいます。ろうは、その融点によって450℃以上を「硬ろう」、それ未満のものを「軟ろう」または「ハンダ」と呼びます。電気配線に用いるときは、「ハンダ」で統一されています。

①ハンダ付けの特長

ハンダ付けには、次のような特長があります。

- 多数箇所の同時接合ができる。
- 低い温度で接合できるため、基板や電子部品に熱的な損傷を与えることが少ない。
- 接合部が導電性である。
- 確実で信頼性の高い接合ができる。
- 接合部の補修、再接合が容易である。
- コテ法、ディップ法、リフロー法など、さまざまな方法がある。
- ハンダ材料および装置が比較的安価であるため、経済的である。

②ハンダの濡れ（図2.25）

ハンダ付けが行われる第一条件は、溶けたハンダが母材によくなじむことです。この現象を「濡れ」といいます。濡れは、ハンダ付けにおける最も基本的な現象で、濡れを伴わないハンダ付けはありません。

それでは、「ハンダが濡れる」とはどのような現象なのでしょうか？

汚れのないきれいなガラス板と油脂を薄く塗ったガラス板の上に、それぞれ水滴を落とすと、きれいなガラス板の上では水滴が薄く広がるのに対して、後者では球状のかたまりになります。この現象は、ハンダ付けでも起こります。

濡れの程度は「接触角（θ）」で定義されています。接触角とは、ハンダの表面が母材の表面と交差する点における、ハンダ表面に引いた接線と母材面とがなす角度です。

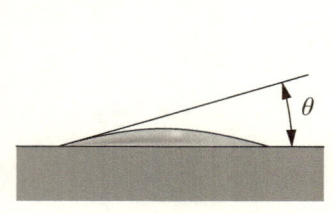

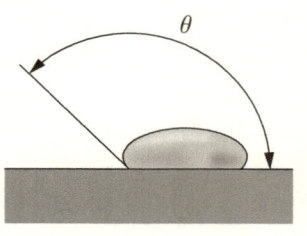

(a) 濡れている状態　　　　(b) 濡れていない状態

図2.25　母材と溶けたハンダを横から見る

　溶けたハンダの接触角が90°よりも小さくなったとき、「ハンダが母材に濡れる」といいます。ハンダの濡れは、母材の表面の汚れ具合や酸化膜の有無、表面のあらさの程度などによって異なりますが、後に述べるフラックスが重要な鍵をにぎっています。

　なお、実際のハンダ付けでは、定義上の「90°未満」に妥協することなく、θが限りなく小さくなるよう作業することが重要です。

③毛細管現象

　ハンダ付けのもう１つの重要な現象は「毛細管現象」です。毛細管現象というのは、狭いすき間に液体が浸透する現象です。このとき、液体が浸透するときの力は表面張力です。この現象は、ハンダ付けでも同様に起こり、ハンダ付けの仕上がりを左右する重要な因子になっているのです。

　母材の状態は、ハンダ付けの仕上がりと接合の信頼性に大きく影響するために、次に挙げる条件が満たされている必要があります。

・機械的に固定されていること。

第2章 腕と道具をそろえる

- すき間が適正であること。
- 接合部全体が同時に同程度温度上昇すること。
- 不必要なところへハンダが流れない構造であること。
- 危険なところにフラックスが飛ばない構造であること。
- 熱に弱い部分は保護されていること。
- 接合部に不必要な圧力が加わらないこと。

④フラックスの役割（図2.26）

じつは、ハンダだけでハンダ付けをすることはできません。必ずフラックスが必要です。

フラックスが糸ハンダの中央に固体として封じ込められています。

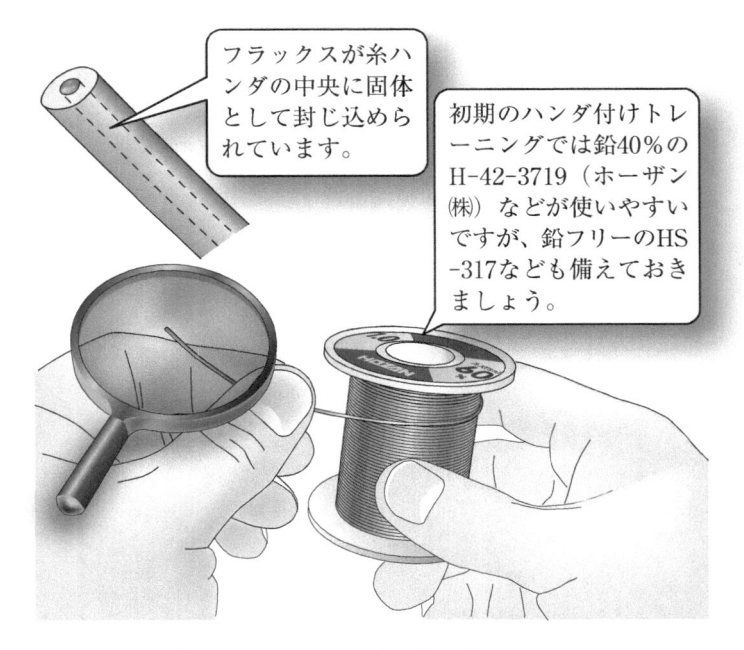

初期のハンダ付けトレーニングでは鉛40％のH-42-3719（ホーザン㈱）などが使いやすいですが、鉛フリーのHS-317なども備えておきましょう。

図2.26　フラックスは糸ハンダの中にある

最も一般的なフラックスは、松ヤニ（レジン）です。この松ヤニは、松の樹液を蒸留して生成される植物性天然樹脂で、これに薬品を加えた物が糸ハンダの中に固められています。糸ハンダを丁寧に切断してみてください。その断面の中央に黄褐色の固体が見えるはずです。このようなハンダを「ヤニ入りハンダ」といいます。

　それでは、フラックスとはどのような働きをするものなのでしょうか？

　ハンダ付けの基本現象である濡れは、溶けたハンダが清浄な母材と接触して初めて起きるもので、両者の間に酸化膜や油脂などの汚れがあると、濡れが著しく阻害されます。

　一般に、金属の表面は特別な場合を除いて、常に酸化膜で覆われており、それらをハンダ付けの前処理で除去したとしても、ハンダ付け温度に加熱されれば再び酸化されることになります。それゆえ、溶けたハンダを母材表面に濡らすためには、ハンダ付けが行われる温度で、母材やハンダが酸化されるのを化学的に防止することが必要になります。その目的のために使用されるのがフラックスです。

　フラックスの主な作用は次の4つです。

・酸化膜の除去：母材表面を清浄にする。
・酸化防止：母材および溶融ハンダを被覆する。
・界面張力の減少：ハンダの濡れを促進する。
・金属析出：ハンダ付けが難しい母材のハンダ付け性を改善する。

⑤鉛フリーハンダ

　コラム2でも述べましたが、RoHS指令の影響はハンダ付けにもおよびました。従来の鉛含有ハンダは使用されなくなり

「鉛フリーハンダ」（またはPbフリーハンダ）と称するSn-Ag-Cu系（スズ・銀・銅の合金）のハンダが主に使用されるようになったのです。

　鉛フリーハンダは、従来の鉛ハンダに比べて融点が高く、たとえば183℃だったものが220℃付近にまで上がりました。しかも、濡れが悪く光沢がありません。その他、鉛ハンダに比べて劣る面が多いのです。やがて、鉛ハンダに匹敵する製品が開発されることが予想されますが、当面の間は、鉛ハンダと鉛フリーハンダの双方が共存することになるでしょう。

　本書のトレーニングでは、鉛フリーハンダを強く奨めてはいません。初めのうちは、目視検査で良否がわかりにくい鉛フリーハンダよりも鉛ハンダで十分なトレーニングを積んだのち、鉛フリーハンダも使えるようにしておくことが望ましいのです。

2.9　ハンダ付けに必要なもの

　実際にハンダ付けを行うには、①糸ハンダ　②ハンダゴテ　③コテ台　④ハンダ吸い取り線　の4つをそろえておきます。

　④のハンダ吸い取り線を用意しておくのは、電子部品の交換やハンダ付け箇所の手直しのときに、やむをえず必要になることがあるからです。積極的に使うものではありません。

①糸ハンダ

　ハンダはヤニ入りハンダを使います。糸のようにボビンに巻かれているため、見た目の様子から「糸ハンダ」と呼んでいるのです。

　どのような糸ハンダを選ぶべきなのかについては、これまでもコラムなどでたびたび説明したように、「鉛フリー」を意識

するあまり、迷ってしまうところです。しかし、あくまで試作基板に限定するのであれば、明らかに鉛ハンダの方が作業しやすいので、2種類のハンダを準備しておき、段階的に鉛ハンダから鉛フリーハンダに移行していくことを奨めます。

> **コラム6：鉛をなぜ嫌うのか？**
> 　ハンダには、たくさんの種類がありますが、最も多く使われてきたのが、スズと鉛の合金です。ところが、永久に続くと思われていたスズ－鉛系ハンダの前に立ちはだかったのが、環境保全問題です。
> 　廃棄された電子機器のハンダ付け部材が酸性雨にさらされることによって、ハンダの主成分である鉛が溶出し、地下水を汚染するためです。
> 　鉛イオンは、人間の中枢神経を冒す毒性を持っています。鉛中毒の初期症状は、疲労感、不眠、便秘などで、さらに多くの鉛を摂取すると、震え、腹痛、貧血、神経炎などの症状が現れます。さらに多量の鉛を摂取すると、最悪の場合には脳変質症を起こします。
> 　こうした背景から、世界規模で環境問題への意識が高まってきました。特に消費者の環境への問題意識が高くなるにつれて、メーカがこれを無視できなくなったのです。
> 　ただし、ハンダ付け作業によって鉛中毒になったという事例を筆者は知りません。筆者がハンダ付けを始めたのは小学校2年生です。もちろん子供の遊びにすぎませんが、その後、企業生活中は「ハンダ漬け」といってもよいくらいです。今から鉛中毒を心配するよりも、小まめに手洗いすることを習慣にすべきでしょう。

②ハンダゴテ（図2.27）

　ハンダゴテは、ハンダ付け作業の良し悪しを決める重要な道具です。電子回路に適したハンダゴテの選び方を列挙すると次

のようになります。
- 作業に合った熱容量であること。
- コテ先は、急速に加熱され熱効率のよいこと。
- コテ先温度が定格温度に達した後の温度変化の少ないこと。
- 握り部が熱くならないこと。
- コテ先と電源コードとの電気的絶縁が完全であること。
- コテ先の交換が容易であること。
- 軽くて、握ったときに手の前後の重量バランスがよいこと。
- 各部がよく固定されていて、がたつきのないこと。

しかし、これらの理想的な条件をすべて備えたものを選び出すのは容易ではありません。手の大きさに個人差がありますし、価格もひじょうに幅が広くなっています。高価なものは、温度を精密にコントロールでき、電気的絶縁も完璧です。

そのため、複数の機種を使ってみて比較するのは現実的ではありません。実際には、低価格で基本性能がしっかりしたコテから始め、トレーニングが進んで、より高い性能を求めるようになってから買い替えることが望ましいと考えます。

筆者が奨める入門者向けの選び方は、次のとおりです。

・消費電力

ユニバーサル基板を主体に扱うことを前提にすると15Wから30Wですが、両面スルーホール基板を多用する場合は、加熱時間が長くなりますので多少高めの30W前後が適当です。

・温度調節機能

　後で図解しますが、ハンダ付けでは、左右の手のタイミングがひじょうに重要です。これは、経験を積み上げないとわからないものですし、このタイミング調整能力がハンダ付け作業の技量であるといえます。

　自動的に温度を調節してくれる機種がほしいところですが、腕を上げるのが目的の１つであるならば、この機能は捨てるべきです。

・コテ先の形状

　「チップ」とも呼ばれ、目的によって形が異なります。基本的には円錐形で、先端が丸みをもったものを使います。先がとがったものは、チップ部品には適していても、リード部品には不向きです。

　また、先端が楕円に広がったものがありますが、ユニバーサル基板のランドとランドの間が狭いときには、ハンダがブリッジ（電気的にはショート）になりやすいため、これも不向きです。

　なお、ホーザン㈱や白光㈱が扱う電子回路用であれば、コテ先の材質に細かくこだわる必要はありません。

・コテ全体の形状

　コテを握ったとき、握りこぶしがコテの全長の中央にあることが重要です。重量バランスが均等であれば、加熱のタイミング調整を細かく操作できるのです。

　また、コテが軽いほど、コテ先に加えているときの圧力を直接感じることができるので、母材を傷めないように配慮するといった余裕も生まれます。

第2章　腕と道具をそろえる

条件①握りこぶしの前後が同じくらいの寸法になっていて、重量バランスがよい。

条件②握ったときに、親指と人差し指を向かい合わせにして締め付けることができる。

条件③コテ先は円錐形で、先端に適度な丸みがあり、とがってはいない。

筆者は複数のハンダゴテを使い分けています。図の形状は、筆者が最も多用するHAKKO 933（白光㈱）で、これには温度設定機能があります。
しかし、この機能があったとしても、実際に試さない限り、最適な加熱のタイミングを知ることはできません。

図2.27　ハンダゴテを選ぶ

もう1つ付け加えます。握った部分とコテ先の間にヒーターがあるのですが、発熱部分（コテ先の手前にある金属部分）が大きいと、人差し指と親指に高熱を感じることになり、作業に集中できなくなることがあります。握りこぶしの前方で、熱に対する配慮がされているものを選びたいものです。

③コテ台（図2.28）

　ハンダゴテの種類によって異なりますが、多くのものはコテ先温度が400℃前後にまで達します。安全のために、コテ台が

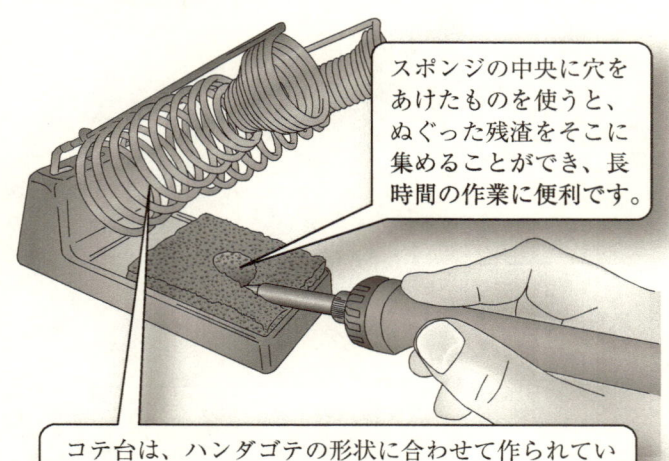

> スポンジの中央に穴をあけたものを使うと、ぬぐった残渣をそこに集めることができ、長時間の作業に便利です。

> コテ台は、ハンダゴテの形状に合わせて作られているので、同じメーカから選ぶのがよいでしょう。図のHAKKO 631-03（白光㈱）は、2連になっているもので、2種類のコテを使い分けるように、あらかじめ差し込み口の大きさを少し変えてあります。

図2.28　コテ台の役割

第2章 腕と道具をそろえる

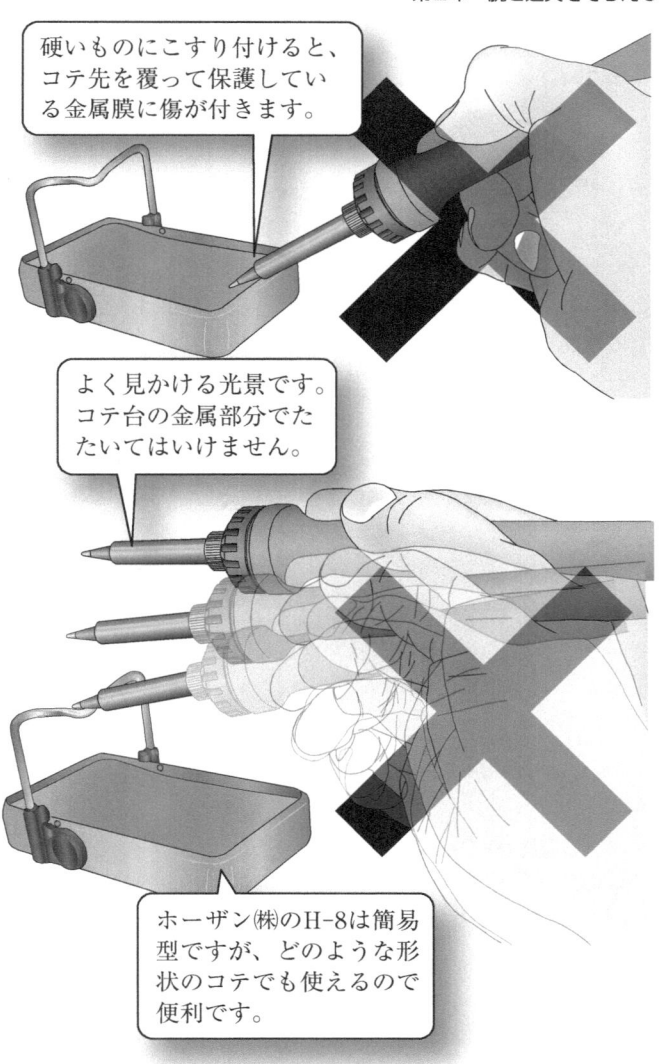

硬いものにこすり付けると、コテ先を覆って保護している金属膜に傷が付きます。

よく見かける光景です。コテ台の金属部分でたたいてはいけません。

ホーザン㈱のH-8は簡易型ですが、どのような形状のコテでも使えるので便利です。

図2.29 コテ先を大切に

必要です。

また、コテ台に備え付けられているスポンジが重要な役割をしています。ハンダ付けを行っていると、しだいにコテ先が汚れてきます。それは、高熱によって変質したフラックスやハンダくず、あるいは、母材やリード線の表面からはがれたものなどです。これを、残渣(ざんさ)と呼んでいます。

そして、コテ先が汚れたまま作業を進めると、汚れそのものをランドの上に定着させることになり、やがては電子回路としての機能や性能に影響する恐れがあります。

そこで、作業中は小まめにスポンジの上で、汚れを落とします。注意すべきことは、スポンジ自体が可燃性であるという点です。当然のことですが、そのままの状態でコテを当てると焦げます。中途半端に水に濡らすのではなく、いったん全体に水を含ませてから、水滴が落ちない程度に絞ってください。

また、入門者に多いミスですが、硬いものでコテ先に衝撃を与えてはいけません。コテ先の内部は、通常、やわらかい銅が使われており、コテ台の金属部などでたたくと、変形したり、コテ先の表面を覆っている薄い金属膜に穴をあけてしまいます。穴があくと、それがどんなに小さくても内部を腐食させてしまい、最後には破損します(**図2.29**)。

④ハンダ吸い取り線(図2.30)

基本的に、ハンダ付けは1回で完了させるように心がけます。しかし、どうしてもハンダ量の調整ができなくて、イモハンダになった場合、あるいは、やむをえず部品を交換する場合などは、ハンダ吸い取り線を使って余分なハンダを取り除く必要があります。

使い方は後に述べますが、細い銅線を編んで帯状にし、その

第2章 腕と道具をそろえる

すき間にフラックスが染み込ませてあります。すでにハンダ付けが終わったランドの上に載せ、さらにその上からハンダゴテを当てるのです。銅線の毛細管現象とフラックスの働きによって、古いハンダであっても静かに吸い取ることができます。

なお、くれぐれもやけどをしないように注意してください（図2.31）。

ホーザン㈱のNo.3738（2.5mm幅）など、帯の幅に注意して選びます。

図2.30 ハンダ吸い取り線

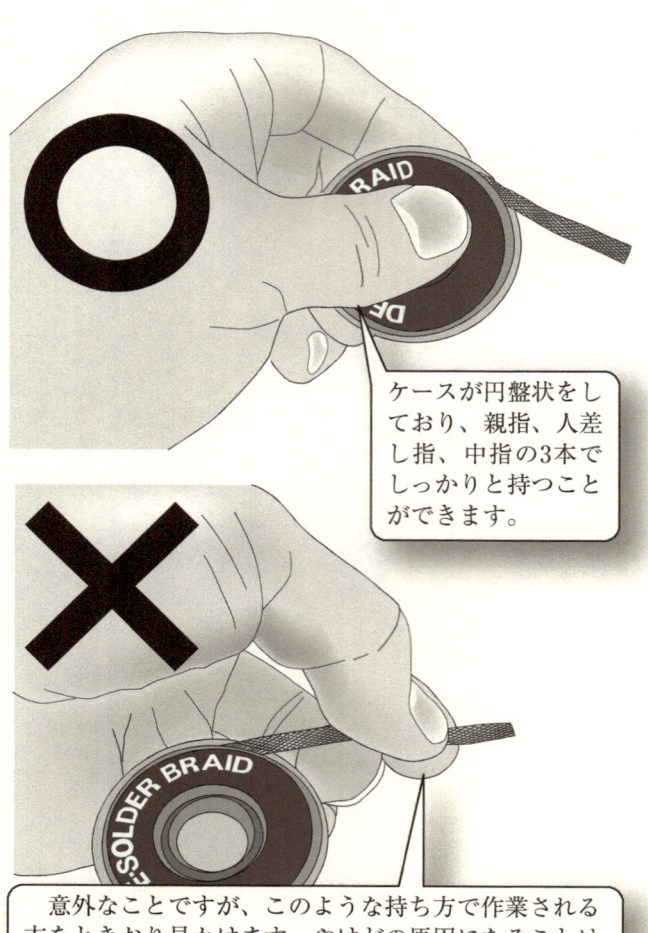

ケースが円盤状をしており、親指、人差し指、中指の3本でしっかりと持つことができます。

意外なことですが、このような持ち方で作業される方をときおり見かけます。やけどの原因になることはもちろんのことですが、この持ち方をすると、指先から、コテの当たる位置までの帯を長くしなくてはならず、そのために作業性も悪くなります。

図2.31 ハンダ吸い取り線を正しく持つ

2.10 ハンダ付け作業の基本

　最初のハンダ付けトレーニングを行います。使用するユニバーサル基板は、ドットパターンの両面スルーホール（㈱秋月電子通商のAE-6、または同等品）です。ハンダメッキが施されています。

　まず、コテ先がハンダの色になっていない場合は、スポンジで汚れをぬぐってから、新しいハンダを直接コテ先に溶かしてください。また、コテ先に余分なハンダが付着しているときは、十分にスポンジで取り除いておいてください。

①ランドを加熱する（図2.32）

　すばやく次の作業に移れるように、糸ハンダを左手に持ちながら、丸みを帯びたコテ先を穴にはまるように置きます。加熱時間は、ドットパターン・両面の場合、2～3秒です。両面であれば、表側のランドだけに熱が集中しないため、はがれにくいというメリットがあります。

　とかく、入門者のトレーニングを片面で行うケースが多いようですが、加熱時間があまりにも短すぎるため、かえって、適切なタイミングが身に付きにくいのです。

ここでは、ドットパターンの両面スルーホール基板を使います。

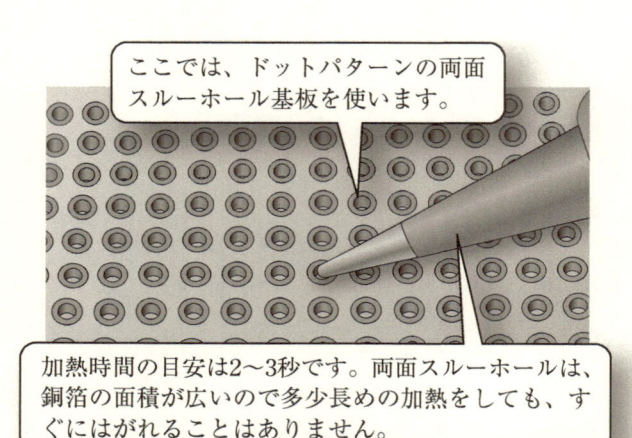

加熱時間の目安は2～3秒です。両面スルーホールは、銅箔の面積が広いので多少長めの加熱をしても、すぐにはがれることはありません。

図2.32 ランドを加熱する

②糸ハンダを近づける（図2.33）

　①の段階で、すでに左手には糸ハンダが握られていますので、すみやかに先端をランドに近づけます。

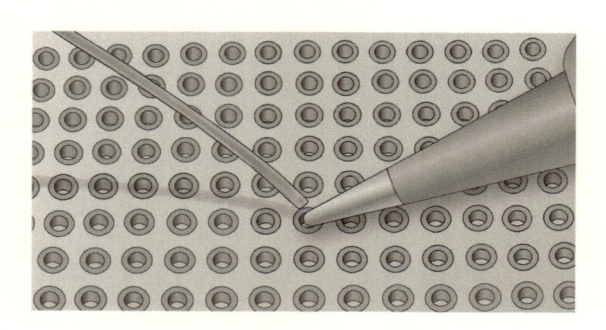

図2.33 加熱中に糸ハンダを近づける

第2章 腕と道具をそろえる

③糸ハンダを溶かす（図2.34）

糸ハンダが最初に触れる場所はランドですが、このときには十分に加熱されているため、コテ先温度とランドの温度は近い状態になっています。

そのため、糸ハンダがランドに触れたとたんに、溶解し始めます。溶けたハンダは、両面スルーホールの穴に吸い込まれるように流れ込みます。また、ハンダに充塡されていたフラックスの一部が、高熱によって煙に変わります。

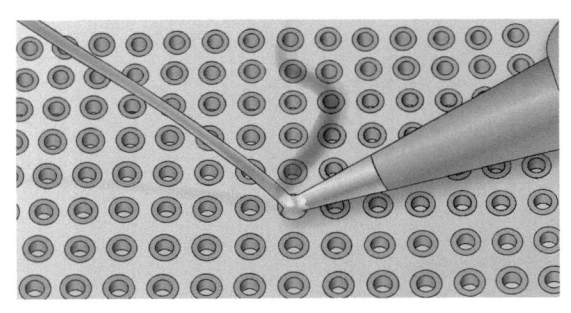

図2.34　ハンダを溶かす

④加熱中に糸ハンダを離す（図2.35）

2～3秒ほどハンダを供給した時点でいったんハンダを離します。なぜなら、トレーニングを始めた直後は、適切なハンダ量がわからないためです。

ただし、このとき右手のコテは動かしません。供給したハンダがフラックスの力を借りて流れるのに少し時間がかかるからです。この加熱も2～3秒が目安です。

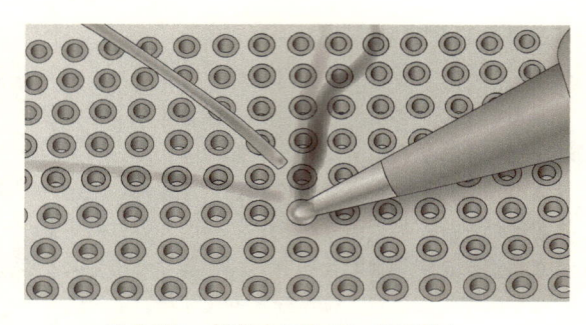

図2.35 加熱中に糸ハンダを離す

⑤コテをランドから離す（図2.36）

加熱後、すみやかにコテをランドから離します。ハンダが詰まったランドの表面には、フラックスのコーティングができるため、薄い褐色の光沢があります。

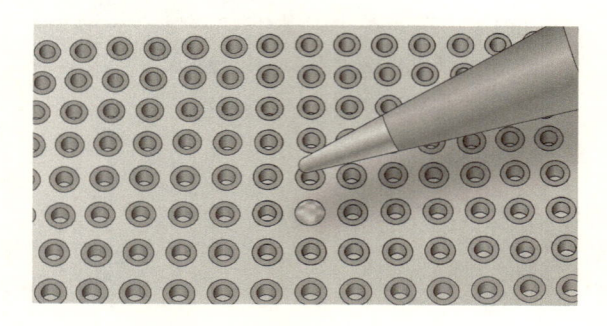

図2.36 コテをランドから離す

⑥裏面のランドをチェックする（図2.37）

ユニバーサル基板をひっくり返してみてください。コテを当てた面と同じ仕上がりになっているでしょうか？

第2章 腕と道具をそろえる

　ハンダメッキがされているユニバーサル基板であれば、ハンダが流れやすいため、供給量が適切であれば、表も裏も同様にきれいに仕上がります。

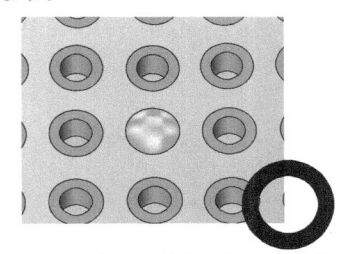

表面のランドと同様の結果であれば合格です。

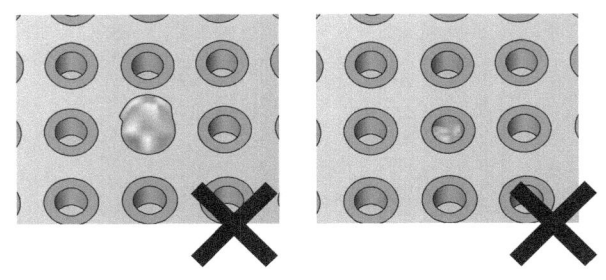

ランドを大幅にはみ出たりツララ状にふくらんでいる場合は不合格です。

ハンダが不足して、裏面のランド表面に達していない場合も不合格です。

図2.37　裏面のランドをチェックする

　このトレーニングで身につけたいのは、左右の手の適切なタイミングと、均一な量でハンダを供給することです。不合格のランドはそのままにして、「合格」が連続するまでトレーニングしてください。

2.11 カーボン抵抗器を取り付ける

電子回路の試作では、必ずといってよいほど、4分の1ワット用カーボン抵抗器を手にします。ここでは、1本の抵抗器について、リード線の折り曲げからハンダ付けまでの手順を見ていきましょう。

①基板と抵抗器を押さえる（図2.38）

2.2節や2.3節でコの字形に曲げたカーボン抵抗器を、IC

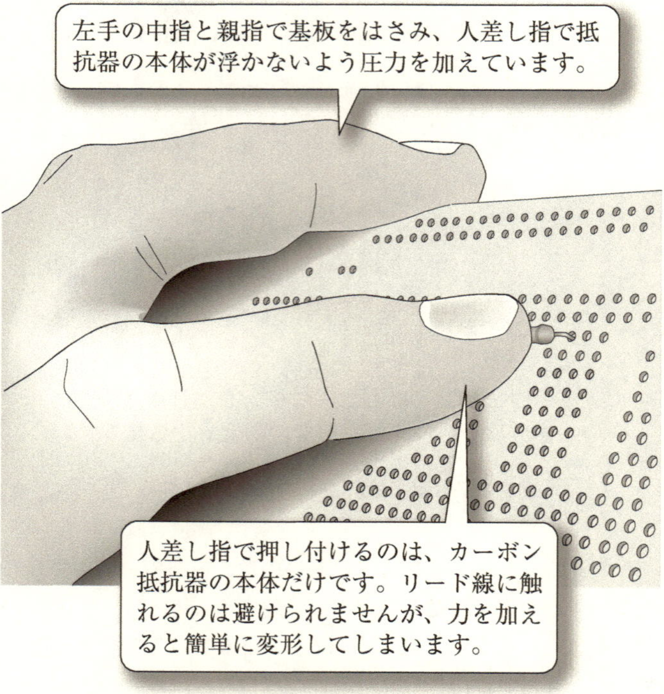

> 左手の中指と親指で基板をはさみ、人差し指で抵抗器の本体が浮かないよう圧力を加えています。

> 人差し指で押し付けるのは、カーボン抵抗器の本体だけです。リード線に触れるのは避けられませんが、力を加えると簡単に変形してしまいます。

図2.38　基板と抵抗器を押さえる

第2章 腕と道具をそろえる

パターンのユニバーサル基板（サンハヤト㈱のICB-96GU、または同等品）に差し込みます。その位置については、**コラム7**を参考にしてください。

コラム7：ICパターンの利用法

　ICパターンは、確かに2.54mmピッチのICを実装するのに好都合です。一方、このようなICパターンで抵抗器を取り付けるときは、グラウンドラインと電源ラインをまたぐように取り付けるのが一般的です。

　トランジスタ回路の基礎を思い出してみましょう。エミッタフォロワや共通エミッタなど、抵抗器の多くはグラウンドか、電源に接続されているはずです。

　その他、ユニバーサル基板の種類によっては、抵抗器とグラウンドライン、または抵抗器と電源ラインを直結することもできます。

> グラウンドラインと電源ラインに区別して使います。

部品面から見たICパターン例

注：片面基板の銅箔パターンが透けて見えている様子を描いたものですので、部品面に銅箔はありません。

②リード線を折り曲げる（図2.39）

　左手で、基板全体をしっかりと固定します。右手の人差し指を基板の部品面に、また親指は、飛び出している抵抗器のリー

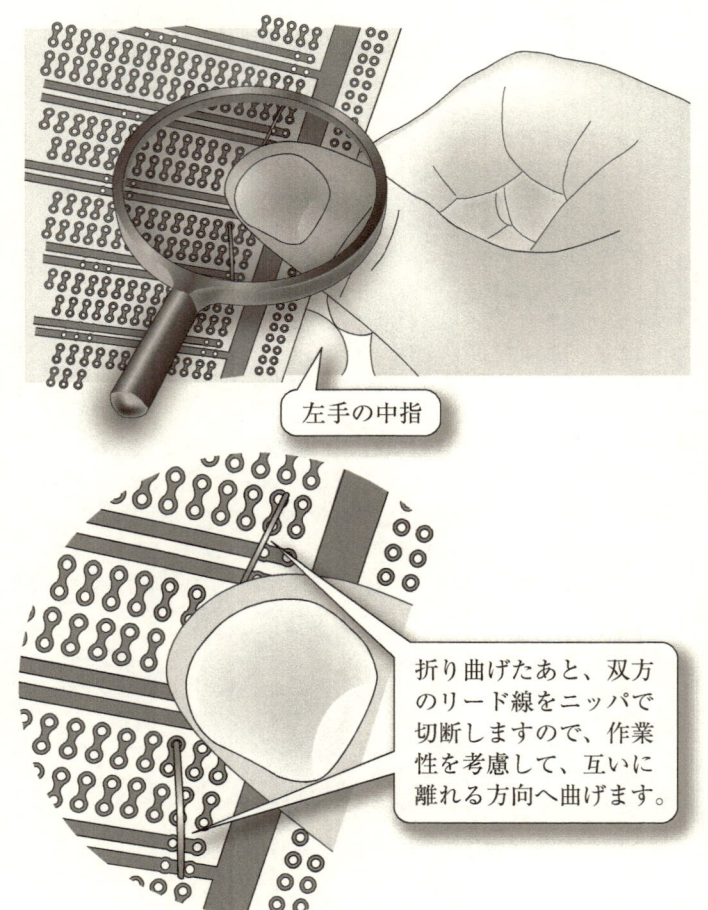

> 左手の中指

> 折り曲げたあと、双方のリード線をニッパで切断しますので、作業性を考慮して、互いに離れる方向へ曲げます。

図2.39　リード線を折り曲げる

ド線の根元に当て、ハンダ面（ランドのあるパターン面）に接するまで直角に曲げます。

このとき、強く押し付けた方がきれいに仕上がります。

実際には、リード線が指に食い込んで痛くなるため、無理をする必要はありません。また、指の皮膚から出る汗などで、基板の表面を汚してしまいますので、次の **2.12節** では、より効率的な方法を紹介します。

③ニッパを握る

カーボン抵抗器のリード線を切る前に、ニッパの握り方を確認しておきましょう。

おそらく、**図2.40**を見て「使い方が違う」と思われた読者がいらっしゃるはずです。つまり「表裏逆ではないか」と。しかし、このニッパの持ち方は、けっして逆ではありません。次の図で、その様子を見てください。

また、ここで用意するニッパは、軟らかい銅線を切断するための精密なものです。たとえば、工具メーカのホーザン㈱で「ミニチュアニッパー」と呼んでいるものが該当します。

初めから電子部品などの銅線に特化した刃を使用していますので、このニッパで鉄線や太い電線を切ってはいけません。

ホーザン㈱のN-32、N-31などが適します。

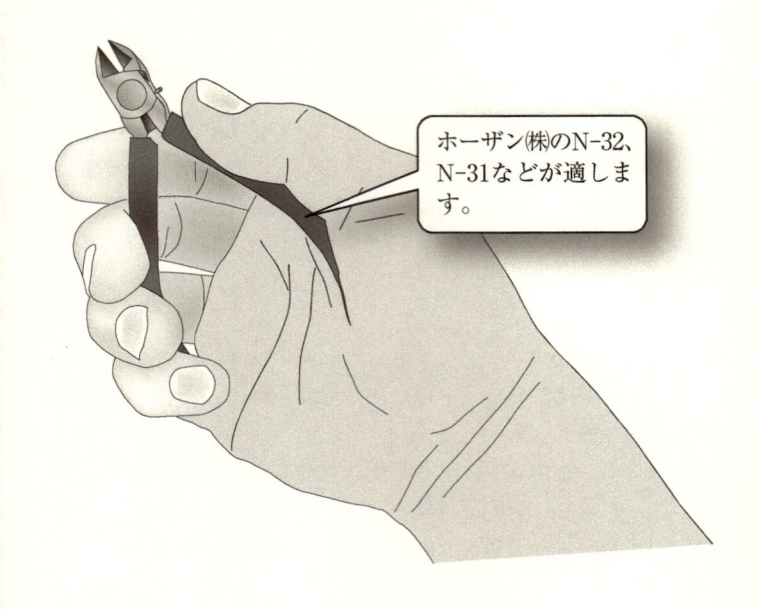

図2.40 ニッパを握る

第2章 腕と道具をそろえる

④ニッパを基板に当てる（図2.41）

ユニバーサル基板にニッパを当てるときは、部品のリード線と刃の位置がはっきりと見えることが重要です。

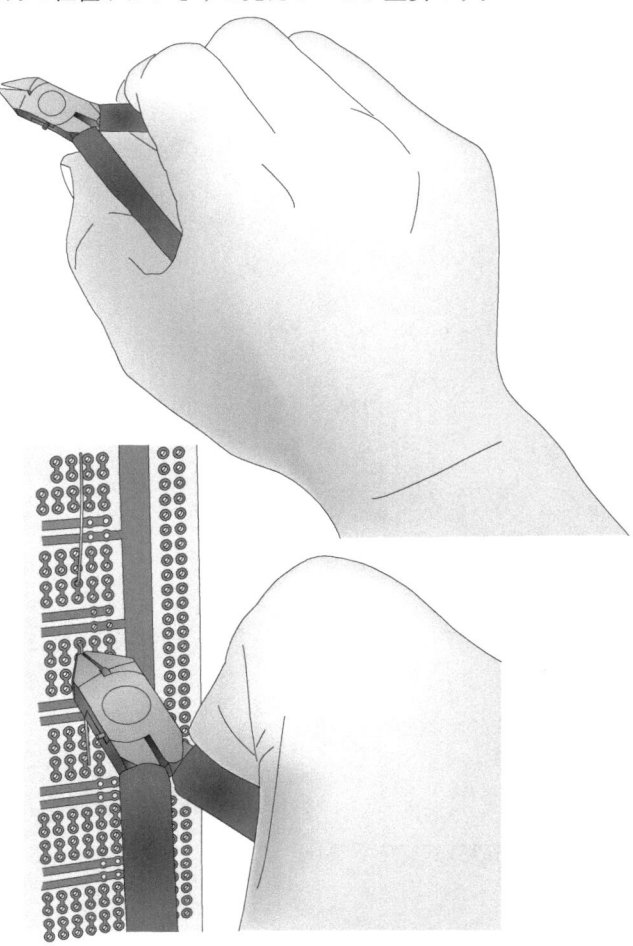

図2.41 ニッパを基板に当てる

⑤リード線を切断する(図2.42)

　折り曲げたあとのリード線は、基板の表面に密着することが理想ですが、実際には弾力性があるので浮き上がってしまいます。

　左手は、親指でリード線を押し付け、残りの指で抵抗器本体と基板を支えます。右手は、ニッパでリード線を正確に狙うこ

> ニッパの先が、ランドの端(円弧の部分)と一致する位置で、リード線をはさみます。また、ニッパの刃の先端が基板表面に当たっていることを確認してから、しっかりと切断してください。

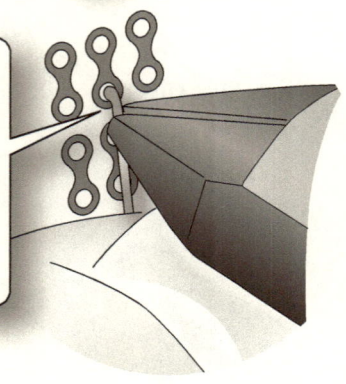

図2.42　リード線を切断する

第2章　腕と道具をそろえる

とだけに専念します。

⑥ランドとリード線を加熱する（図2.43）

　切断が終わるとハンダ付け作業です。ここでは、ハンダゴテを当てるときの注意点を述べます。加熱で重要なことは、ハンダ付けされる複数の導体が同時に加熱されなくてはならないという点です。片方だけ高温になっても、ハンダはすき間に流れてくれません。

　また、ここで使用している基板は、片面・ハンダメッキです

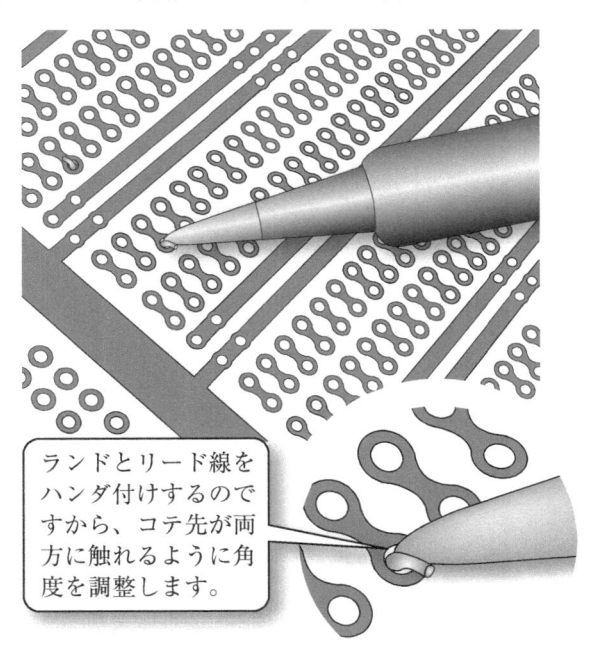

> ランドとリード線をハンダ付けするのですから、コテ先が両方に触れるように角度を調整します。

図2.43　ランドとリード線を加熱する
（コテ先と母材の位置関係）

ので、ハンダ付け性は優れていますが、熱の伝わるスピードが、**2.10節**でトレーニングした両面スルーホール基板とは異なります。部品の載っていないランドに比べて、このランドではカーボン抵抗器と面積の広い片面のランドがありますので、少し長め（3〜4秒）に加熱するのがよいでしょう。

ところで、同じ道具と部品を使っていても、加熱時間を微妙にコントロールすることができます。コテ先が円錐形の場合、垂直よりも水平に近い方が、コテ先とリード線との接触面積が増すため、加熱時間が短くなります。

ハンダ付け経験の浅いうちは、わかりにくいかもしれませんが、次の⑦で述べるように、「よく観察する」ことを繰り返すうちに、自然に加熱のタイミングが身に付いてくるものです。

図2.44　コテ先の当て方と加熱時間
（長い ←→ 短い）

⑦ハンダを溶かして観察する（図2.45）

この場合、ランドだけのハンダ付けとは違って、溶かすハンダ量を決めるのは容易ではありません。たとえば、次の要素が大きいほどハンダ量が増えることになります。

・リード線の太さ　　　　　・リード線の切断寸法
・ランドとリード線のすき間　・ランドの面積

特に、ここまでの作業のばらつきによって、リード線の切断寸法と、すき間が変わってきます。「部品の取り付けとハンダ付けは別の作業」ではないのです。リード線を基板の穴に入れ

第2章 腕と道具をそろえる

写真用のルーペは、焦点距離に合わせてケースが作られているため、時間をかけて基板を観察するのに適します。

リード線の切断部分がはっきりと見えなくてはなりません。これがハンダ付け不良ではないという証拠の1つになります。

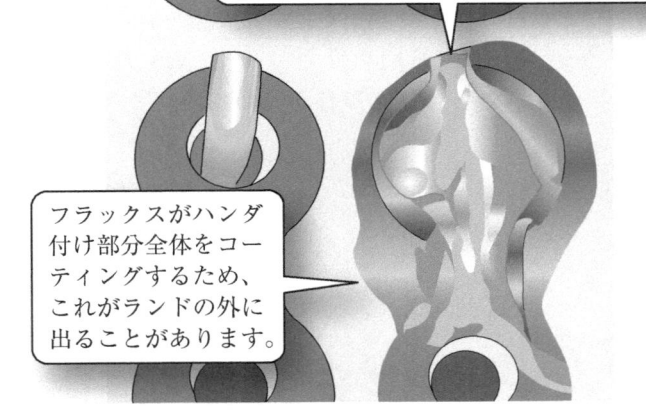

フラックスがハンダ付け部分全体をコーティングするため、これがランドの外に出ることがあります。

図2.45 ハンダを溶かして観察する

るときに、すでにハンダ付けの良し悪しが決まりつつあるということを念頭におくことが重要です。

ハンダ付けが終わったときの様子をルーペで観察してみました。リード線とランドの間にすき間なくハンダが流れ、リード線の形（切断箇所付近）がはっきりとわかるようであればOKです。

プリント基板を使った大量生産とは異なり、ユニバーサル基板で試作するときは、リード線に何度も圧力や熱が加わります。この図では、ハンダが多いように思われるかもしれませんが、すべての配線が終わるまでの衝撃に耐えるためには、ハンダによる機械的な補強も重要な要素です。

2.12　複数の部品を効率よく付ける

ディジタル回路などでは、同一のカーボン抵抗器をいくつも並べて実装する場合があります。このとき、指だけで作業をしていると疲れますし、指が痛くなります。

また、トレーニングを積むうちに、仕上がりも均一にしたくなるものです。そうしたとき、ピンセットが便利です。ここでは、5本の抵抗器を並べてハンダ付けする事例を見てみましょう。

第2章　腕と道具をそろえる

①抵抗器を基板に挿入する（図2.46）

　抵抗器のリード線を基板の穴に入れ、左手の人差し指で抵抗器の本体を押さえます。

　また、余った指で、ユニバーサル基板全体を支えます。

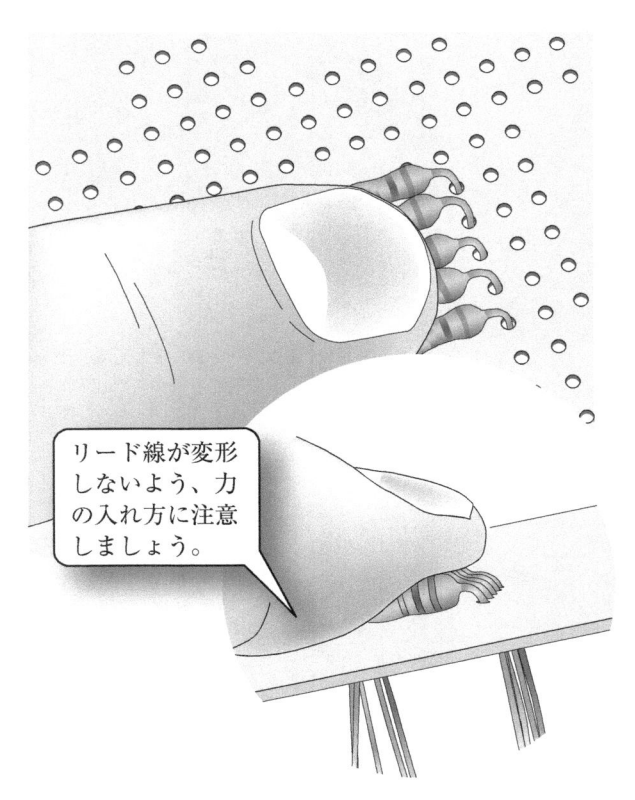

> リード線が変形しないよう、力の入れ方に注意しましょう。

図2.46　複数の抵抗器を挿入する

②ピンセットでリード線をはさむ（図2.47）

抵抗器の本体を押さえたまま、基板全体を裏返します。突き出ているリード線のうち、顔に近い方のリード線を1本だけ選び、ピンセットでしっかりとはさみます。

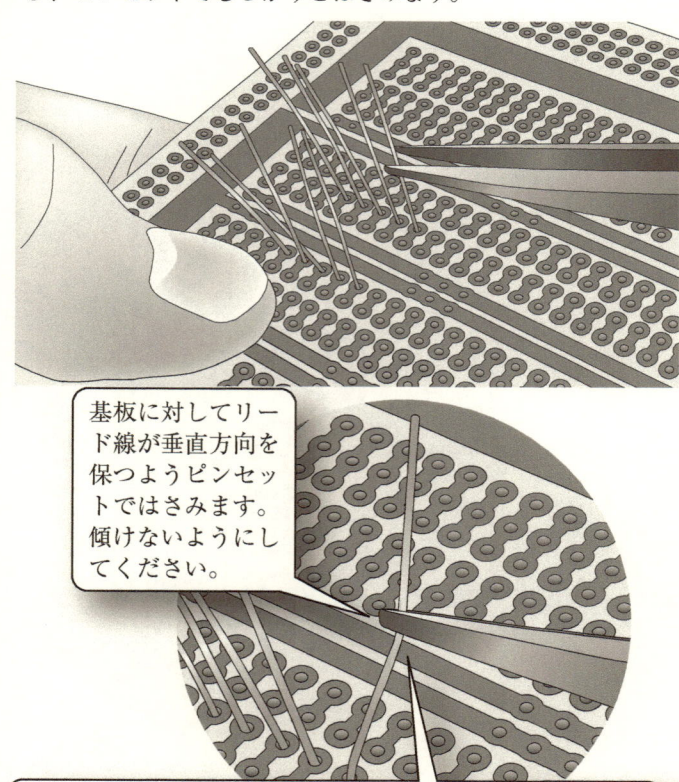

> 基板に対してリード線が垂直方向を保つようピンセットではさみます。傾けないようにしてください。

> ピンセットではさむ位置は、突き出ているリード線の根元から離れたところです。ただし、カーボン抵抗のリード線は他の部品に比べて長いので、作業性を考えると、全体の長さの半分程度でよいでしょう。

図2.47　ピンセットでリード線をはさむ

第2章 腕と道具をそろえる

③ピンセットを水平に引っ張る（図2.48）

　リード線をつまんでいるピンセットを、基板に接触するまで水平に引っ張ります。指で折り曲げるよりもはるかに強い力がリード線の根元に集中するため、浮き上がりを小さくして曲げることができます。

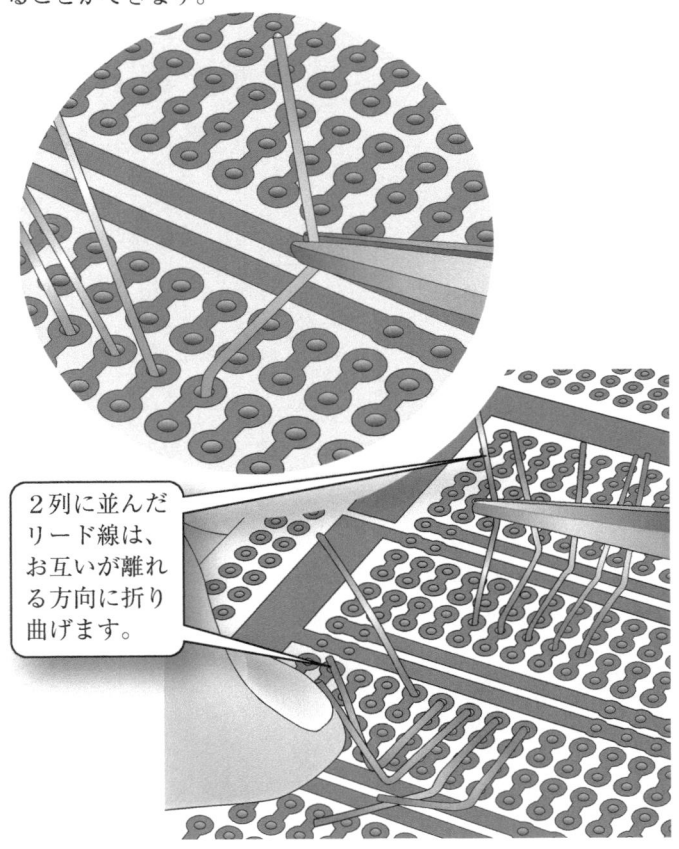

> 2列に並んだリード線は、お互いが離れる方向に折り曲げます。

図2.48　ピンセットを水平に引っ張る

同様にして、抵抗器の反対側のリード線も折り曲げます。

④リード線を押し広げてから切る（図2.49）

ピンセットでつまんだ部分はL字形に変形しているので、こ

> 左手の親指でリード線のL字部分を押し広げます。

> ランドが2つ以上つながっているときは、隣のランドまでリード線が渡らないようにします。

> 1列に並ぶ5本のリード線をすべて切り終わるまで、親指は動かしません。

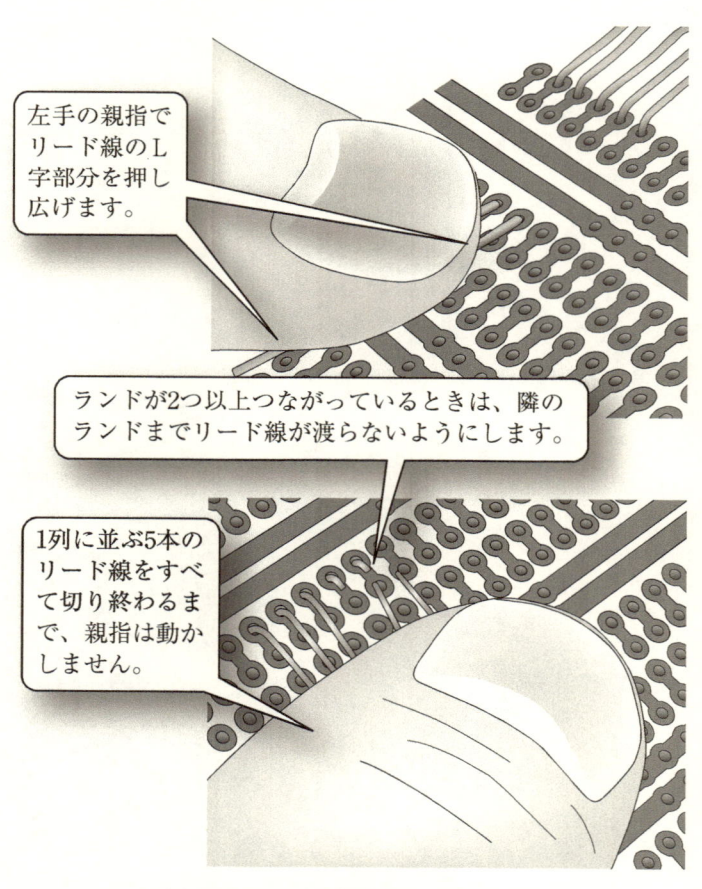

図2.49　リード線を押し広げてから切る

のあとニッパを使うときに邪魔になります。そこで、L字に曲がった部分を、指で広げて伸ばしてから、親指で押さえて切ります。

なお、ハンダ付けの方法は**2.11節**と同じですので、ここでは省きます。

2.13 ICソケットを取り付ける

ICソケットは、1つの本体に多くの端子を持つ代表的な電子部品です。特にDIP（デュアル・インライン・パッケージ）は、1列当たり4本以上の端子が、あらかじめ所定の寸法で取り付けてあり、それが平行に2列レイアウトされています。

これをハンダ付けするときの注意点は、基板の横から見たときに傾いていてはならないということです。ソケットの本体は樹脂でできています。これが基板から浮いていると、ハンダ面に突き出るべき端子が短くなり、極端な場合、ハンダ付けができないこともあるのです。

この節では、端子の多い部品を基板に密着させるトレーニングを取り上げます。

① ICソケットを基板に載せる（図2.50）

ICピッチのユニバーサル基板は、ドットパターンとは違ってICを載せるべき場所が決まっています。それは、グラウンドラインとの位置関係です。部品面から見てもよくわからないので、必ずハンダ面で確認しましょう。

ハンダ面で重要なことは、ICが装着された際に、そのパッケージの裏側にグラウンドラインと電源ラインが走っていることが望ましいという点です。

多くの部品が集積化されたICやLSIは、自らのシリコンチ

ップ上でノイズを発生しやすい電子部品です。そのため、ICの電源端子とグラウンド端子との間には、通常「バイパスコンデンサ」、略して「パスコン」というノイズの通路となるセラミックコンデンサを最短距離で配線しなくてはなりません。

また、個々の電子部品が安定に動作するためには、グラウンドラインができるだけ近い位置に配置されていることが望ましく、部品の密集したICならばなおさらのことです。

そこで、**図2.51**に示すように、向かって左側の配置でも問題ないように思われますが、原則として右側のように、ICソケットのピンが2本のラインをはさむように配置してください。

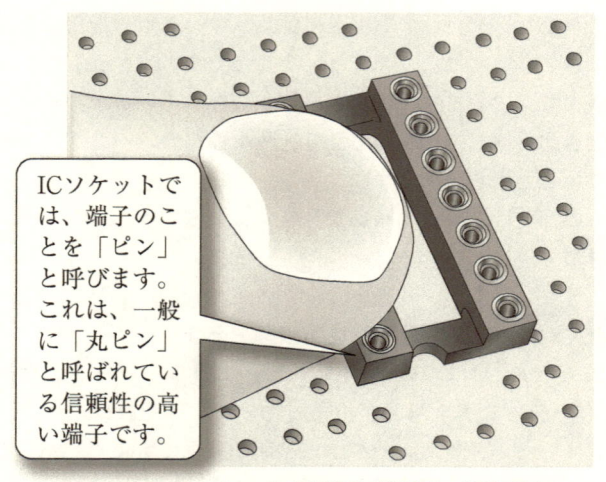

> ICソケットでは、端子のことを「ピン」と呼びます。これは、一般に「丸ピン」と呼ばれている信頼性の高い端子です。

図2.50 ICソケットを基板に載せる(部品面)

グラウンドライン
と電源ライン

2本のラインの裏側に、IC
ソケットが配置されるよう、
ピンを差し込みます。

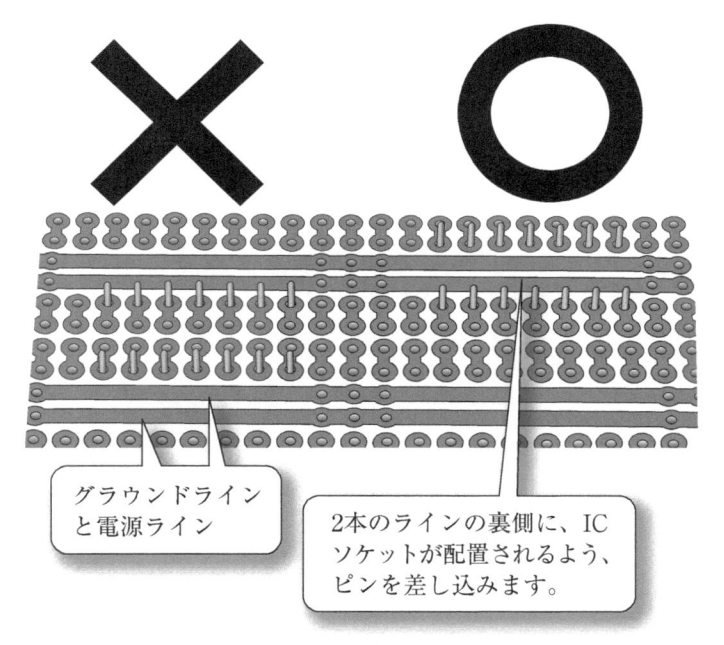

図2.51 ICソケットを基板に載せる（ハンダ面）

② 1つのピンだけハンダ付けする（図2.52）

　筆者は、左手でユニバーサル基板とICソケットと糸ハンダを同時に持って、右手でハンダゴテをつかみます。まず、部品面のICソケットを中指で押し付けます。このとき、人差し指をハンダ面に添えますので、中指と人差し指の間に基板がはさまっている状態になります。

　中指の力をゆるめずに、人差し指の第二関節までと親指を使って糸ハンダをつまみます。一方、右手はハンダゴテを握ることだけに集中します。

この指の使い方を奨めるわけではありませんので、確実な作業を希望するのであれば、ICソケットをセロハンテープなどで仮止めしてから、裏返すのがよいでしょう。

次に、ハンダ付けの場所ですが、14ピンのICソケットであ

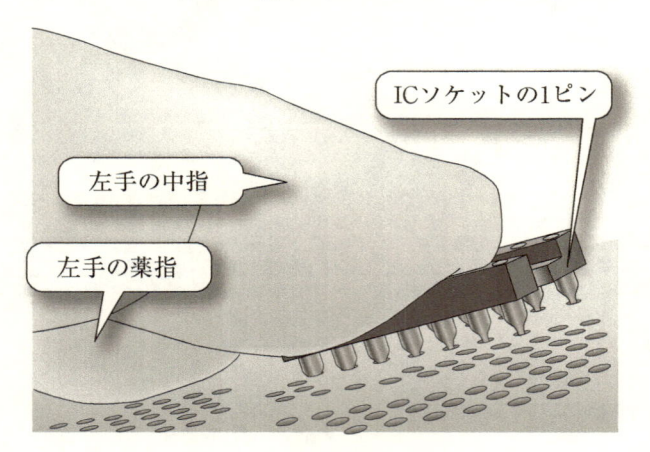

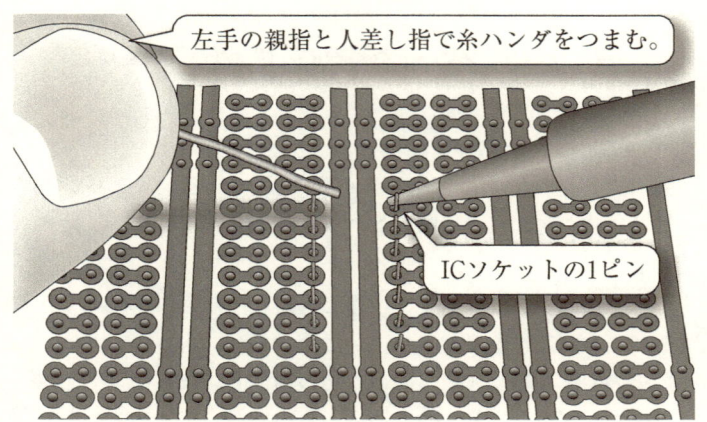

図2.52　1つのピンだけハンダ付けする

れば、四隅のうちのどれか1つ、つまり1、7、8、14ピンのいずれかハンダ付けしやすいピンとそのランドに、少なめのハンダを溶かします。このとき、急いで複数のランドをハンダ付けしてはいけません。必ずといってよいほど、**図2.53**のようにICソケットが傾いてしまいます。

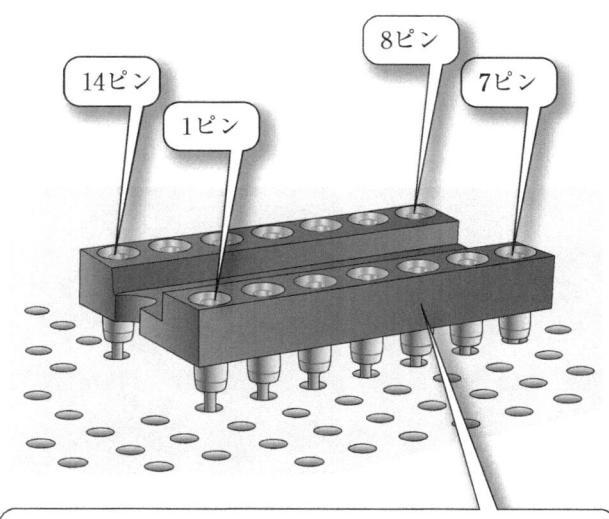

> 1箇所だけをハンダ付けして、横から観察しましょう。図の場合は、7ピン付近に力がかかったため、1ピンや14ピンの方が浮き上がってしまいました。

図2.53 ICソケットが傾いてしまう

③対角上のランドをハンダ付けする

　たとえば1ピンをハンダ付けしたあと、次は対角上の8ピンをハンダ付けします。ハンダは少なめです。これで、ICソケットは脱落しません。

ここで、左手の指の状態を変えずに、ICソケットを中指で押しながら同じ2つのランドにコテを当て直します。このときは、糸ハンダを持ちません。このようにすると、初めに1ピンをハンダ付けしたときよりも、中指に力が入ります。ICソケットは基板に密着します。

④残りのランドをハンダ付けする（図2.54）

ICソケットの位置が決まりましたので、左手で基板を支える必要はなくなりました。

ICソケットのピンだけが見えるようにして、残りの2～7ピン、9～14ピンをハンダ付けします。この12箇所は、固定に必要なハンダ量を1回で供給してください。

最後に、1ピンと8ピンにハンダが不足していますので、補ってください。ハンダの供給量に注意しましょう。

図2.54　残りのランドをハンダ付けする

2.14 より線にハンダメッキする

 正式なハンダ付けの前に母材に対して行う「予備ハンダ」の一種です。ハンダメッキは、より線だけのものではなく、**第4章**で多用するスズメッキ線にも効果があります。

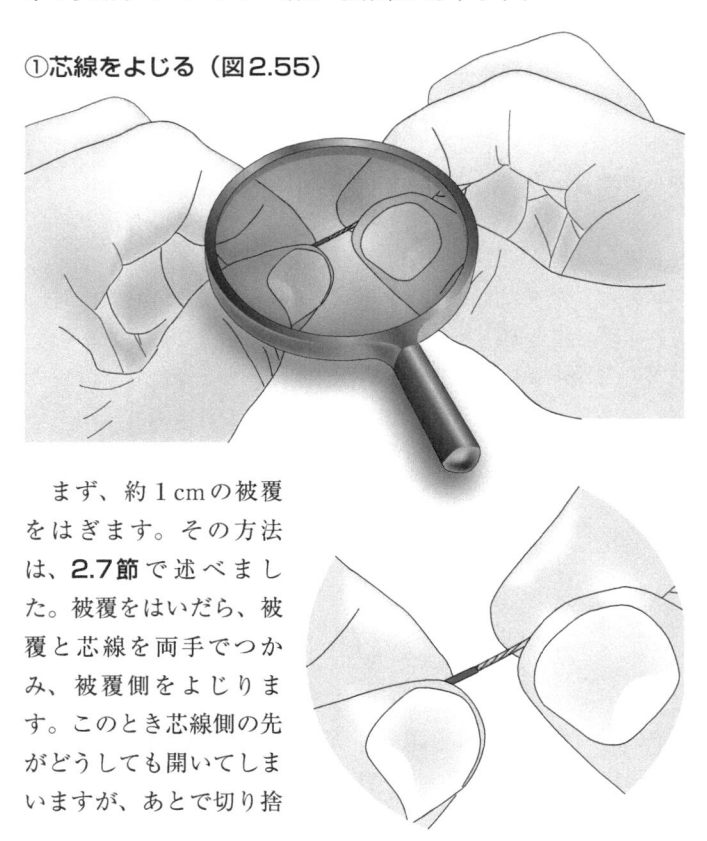

①芯線をよじる（図2.55）

 まず、約1cmの被覆をはぎます。その方法は、**2.7節**で述べました。被覆をはいだら、被覆と芯線を両手でつかみ、被覆側をよじります。このとき芯線側の先がどうしても開いてしまいますが、あとで切り捨

図2.55 芯線をよじる

てますので、このままで結構です。

②より線とハンダとコテを持つ（図2.56）

より線にハンダをしみ込ませることをハンダメッキと呼ぶのですが、実際にはどうやれば効率的でしょうか？

ハンダ付けの基本は、母材を固定することです。より線の芯線も糸ハンダもやわらかい素材です。より線が「母材」なのですから、何か工具を使って作業台の上に止めておくのが本来のやり方でしょう。

しかし、ここでは「手作り」にふさわしい筆者の方法を紹介します。

初めに、左手の人差し指と親指でより線をつまみます。同じく左手の中指と薬指で糸ハンダをつまみます。このとき、糸ハンダの先端がより線の芯線を狙うように角度を調整しておきます。つまり、糸ハンダを動かして、芯線に触れるように左手を準備するのです。一方、右手はハンダゴテを握ることだけに集

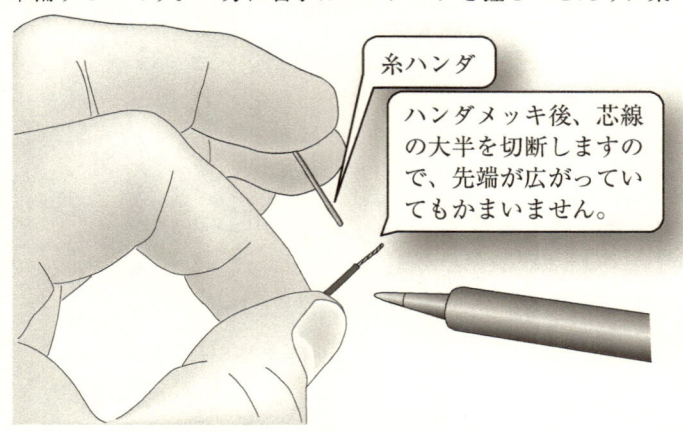

> 糸ハンダ

> ハンダメッキ後、芯線の大半を切断しますので、先端が広がっていてもかまいません。

図2.56　より線とハンダとコテを持つ

第2章 腕と道具をそろえる

中します。

　ふだん、このような指の使い方をすることはありませんので、思うように力が入らないかもしれません。あるいは、緊張のあまり、震えることもあるでしょう。そのときは、左右の腕のひじを作業台の上に置いてみてください。腕が安定すると、左手の各指の動きも安定してきます。

③ハンダをしみ込ませる（図2.57）

　実際にハンダを溶かす前に、注意していただきたいことがあります。ハンダメッキは、複数の導体を接続するわけではありません。そのため、カーボン抵抗器のハンダ付けよりもすばやく完了させる必要があります。

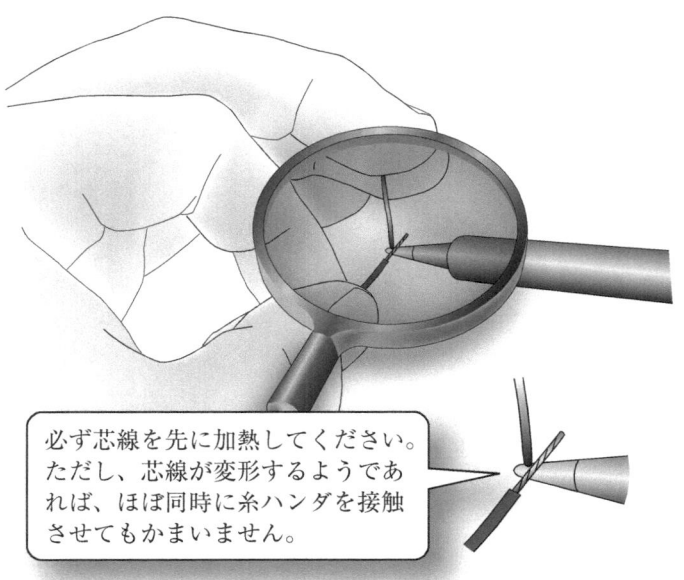

> 必ず芯線を先に加熱してください。ただし、芯線が変形するようであれば、ほぼ同時に糸ハンダを接触させてもかまいません。

図2.57　ハンダをしみ込ませる

必要以上に加熱時間が長いと、被覆の材質によっては焦げたり収縮することがあるからです。また、糸ハンダの消費量も多くなりがちです。そのため、余ったハンダやフラックスが残渣となって、コテ先が汚れやすくなります。こまめにスポンジでぬぐいましょう。

　さて、作業に戻りますが、コテ先をスポンジでよくぬぐっておいてください。コテ先と糸ハンダの間に芯線がはさまるように配置して、なるべく芯線を初めに加熱します。

　露出している芯線全体にハンダがしみ込んだ時点で、加熱とハンダの供給をやめます。1～2秒で完了するのが目安です。

2.15　より線をランドに付ける

　ユニバーサル基板の配線では、ハンダ面でスズメッキ銅線とより線を使います。より線であれば、ハンダメッキを行ったあとに、ランドの大きさに合わせて芯線を2～4mm程度残して切断します。

①良い取り付け

　基本的に、電子回路の配線は「プリント基板をイメージ」して行います。ノイズをまき散らしたり、逆に受け取ったり、あるいは基板の振動で信号波形も振動するといったことを避けるためです。

　つまり、電線を限りなくユニバーサル基板の表面に密着するように配置するのです。

「神経質な」と思われるかもしれませんが、たとえ試作であろうとも、可能なかぎり「回路の身になって」作業すべきです。

　先に、目標となる仕上がりを見ていただきます（**図2.58**）。ここでは、ドットパターン、両面スルーホール、ハンダメッキ

第2章 腕と道具をそろえる

仕上げのユニバーサル基板に、ICソケットを取り付け、その1つのピンにより線をハンダ付けします。

手順は以下のようになります（**図2.59**）。

(1) まず、より線をハンダメッキした後、2mmほど残して芯線を切り捨てます。もったいないと思われるかもしれませんが、より線の先端が広がる心配がなく、作業性がよいのです。
(2) 次に、左手の人差し指と親指を使って、より線を持ちます。必要に応じて、中指も添えます。
(3) 基板に密着させるように、ランドの横から接近させます。このとき、ICソケットのピンが邪魔ですが、ピンのすぐ横に沿う位置で左手を静止します。
(4) ハンダゴテのコテ先をよくぬぐっておきます。汚れていると、その汚れがランドに移動してしまいます。
(5) ハンダゴテをピンの右側から近づけます。ピンに対して芯線

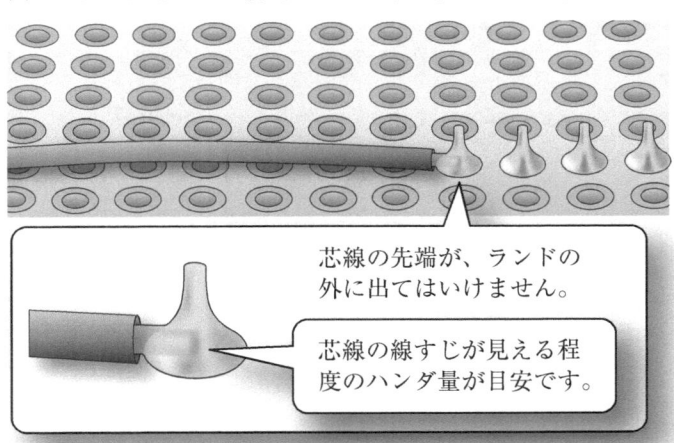

図2.58 より線の良い取り付け

とは逆の位置を加熱します。ランド上のハンダと、より線にしみ込んだハンダの両方を溶かすことで双方を融合させます。そして、双方の母材が融合した時点ですぐに加熱をやめます。

このとき、イモハンダを避けるため、新しいハンダを供給してはいけません。

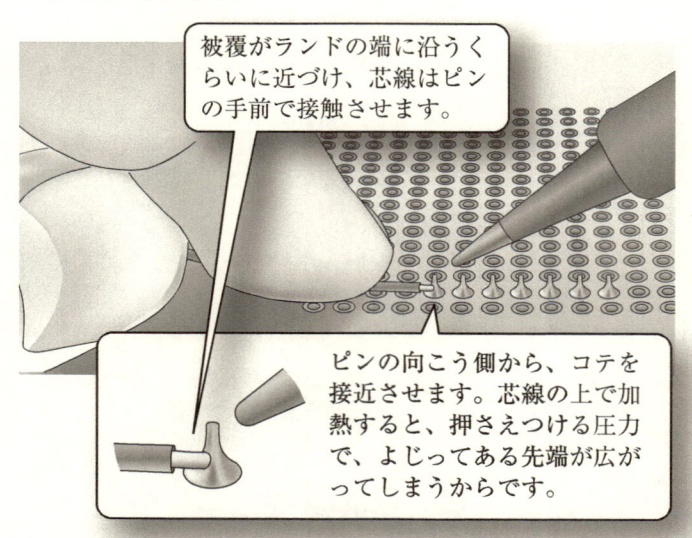

被覆がランドの端に沿うくらいに近づけ、芯線はピンの手前で接触させます。

ピンの向こう側から、コテを接近させます。芯線の上で加熱すると、押さえつける圧力で、よじってある先端が広がってしまうからです。

図2.59　基板と平行に配置する

②悪い取り付け（図2.60）

入門者の配線作業でよく見かけるのは、より線が高くアーチを描いているユニバーサル基板です。

電線が基板から持ち上がって、それが重なり合っていると、電子回路としての動作が正常であっても、基板を取り扱っているうちに指が繰り返し触れることで、ハンダ付け部の芯線に金

第2章 腕と道具をそろえる

属疲労を与えることになります。それは、やがて断線します。

> より線をランドの上方から近づけると、当然のことながら、その角度でハンダ付けが行われます。確かに細いより線を基板に密着させるのは難しい作業ですが、電子回路を安定させるためにも、良い取り付けを心がけましょう。

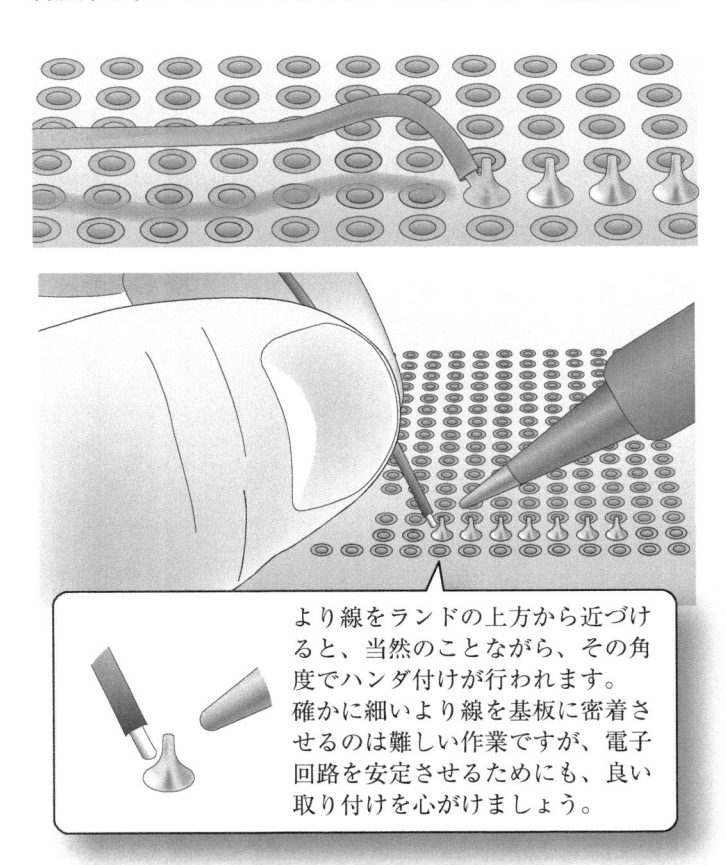

図2.60　悪い取り付け

2.16　ハンダを吸い取る

いったんハンダ付けしたランドを、何かの理由で元の状態に戻さないといけない場合があります。初めに申し上げておきますが、確実にランドを傷めますし、部品を取り付けることよりもはるかに長い時間を失うことになりますので、できるだけミスを避ける努力をしてください。

しかし、実際には複雑な配線を続けているうちに、部品の種類や取り付け位置の見間違いが起きるものなので、ハンダ吸い取り線について少しだけ触れておきます。

①吸い取り線の使い方（図2.61）

2.9節で紹介したハンダ吸い取り線は、樹脂のボビンに巻かれた円盤状のものが使いやすいでしょう。

(1)まず、左手で樹脂ケースを持ち、銅の帯を引き出します。その長さは、2〜3cmを目安にしてください。長すぎると、

> 帯に染み込ませてあるフラックスが、高温のため煙になりますが、これに驚いて加熱をやめてはいけません。

> 溶けたハンダが吸い取られると、ハンダの色に染まってきますが、その動きが止まった時点で、加熱をやめます。

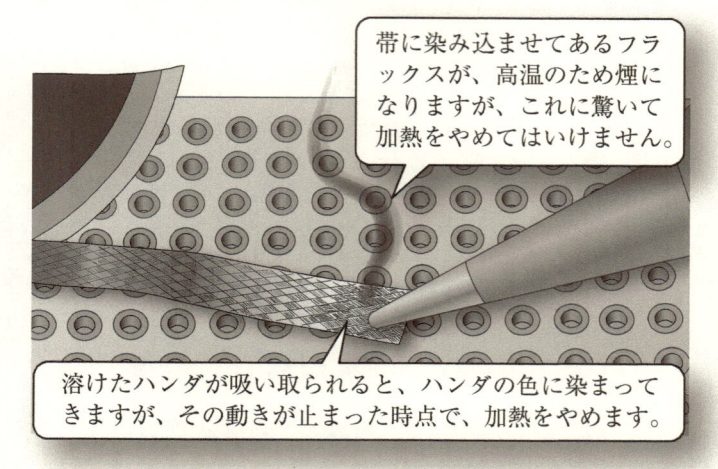

図2.61　ハンダ吸い取り線の使い方

第2章 腕と道具をそろえる

　ターゲットとなるランドを狙いにくいためです。
(2)帯の先端を、吸い取りたいハンダ付け部の上に載せます。
(3)十分に汚れをぬぐったコテ先を、帯の上から押し当てます。

②加熱をやめるタイミング

　ハンダ付けと違って、吸い取り線の加熱は簡単ではありません。まず、固まったあとの古いハンダにはほとんどフラックスがないため、吸い取り線の中のフラックスだけが頼りです。

　また、ハンダを吸い取るランドの状態によって、加熱時間が大きく異なります。部品のリード線が入っているランドと、ハンダだけ詰まったランドとは加熱時間が違うのです。

　そのため、現実的な方法としては、吸い取り線にしみ込んでくるハンダを観察して、「いつ加熱をやめるのか」を判断することになります。加熱を始めてから、ハンダのしみ込んでくる速度が急激に落ちた時点が、加熱をやめるタイミングです。

　しかし、そこには2つのケースが考えられます。
(1)その部分のハンダが十分に吸い取れた。
(2)吸い取り線のフラックスがなくなって、機能しなくなった。

　いずれにしても、まずは加熱をやめて、どれだけハンダが吸い取れたのかを観察してください。

　ところで、使用するハンダゴテの熱容量が小さくて古いハンダに歯が立たない、つまり思うように溶けてくれないことがあります。

　このような場合は、吸い取り線を使う前に、古いハンダの上から新しいハンダをわざと供給しておきます。するとフラックスの一部が古いハンダにも補充されるので、吸い取りが容易になります。

137

③吸い取り後の処理（図2.62）

加熱をやめたあとの吸い取り線は、わずかでもハンダ色に染まった部分があったら、すべて切り捨てます。その部分のフラックスを使いきっていることがあるからです。

切り捨てたら、手元のボビンから新しい帯を引き出しておきます。

> 少しでもハンダ色に染まっていたら、切り捨ててください。

図2.62　吸い取り後の処理

2.17　ノギスで測る

ここまでに、電子回路についてのさまざまなトレーニングを見てきました。指を使うこともあれば、ピンセットやラジオペンチを使うこともあります。

また、ブレッドボードやユニバーサル基板の穴と穴のピッチ（2.54mm）を基準にすれば、大半の試作が可能です。

しかし、2.54mmという数値は、あくまでリード線を挿入するのが目的の寸法単位であって、部品自体の寸法とは関係がありません。一方、実際の試作では、しばしば、部品と部品との間隔や、基板表面からの部品の高さを知りたいときがありま

す。

　そうしたときに便利なのがノギスです。直線定規や三角定規の目盛りは、ふつう1mmきざみです。これでは、リード線とリード線のピッチ、あるいは部品同士のすき間など、ちょっとした確認をするのも困難です。

　一般的なノギスであっても、最小読み取り値は0.05mmと0.1mmです。この性能は、電子回路の製作では十分すぎるほどです。低価格なもので結構ですから1本備えておくことをお奨めします。

　以下、その特徴と使い方を説明していきます。

①種類と構造

　ノギスは、直尺にパス（コンパス形の計測器）の機能を組み合わせ、これに副尺を取り付けたものです。JIS（日本工業規格）にも規定されており、そこにはM形とCM形という2種類が掲載されています。

　M形は、外側測定用ジョウと独立した内側測定用クチバシを持つもの、CM形は同一のジョウに外側用測定面および内側用測定面を持つ構造です。

　図2.63に示す標準的なM形には、測定部が3箇所あります。

(1)外側測定用ジョウ：間に被測定物をはさんで、外径、長さなどを測定します。
(2)内側測定用クチバシ：内側用ジョウとも呼び、穴の内径を測るときに使います。
(3)デプスバー：穴や溝の深さを測定するときに使います。

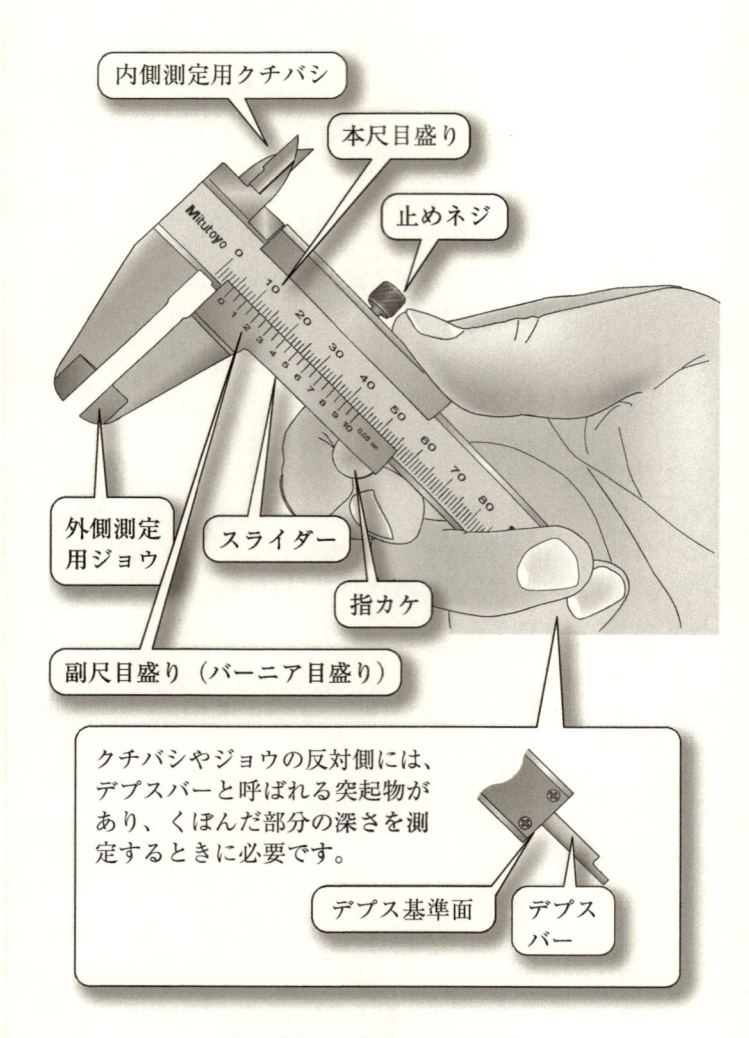

- 内側測定用クチバシ
- 本尺目盛り
- 止めネジ
- 外側測定用ジョウ
- スライダー
- 指カケ
- 副尺目盛り(バーニア目盛り)

> クチバシやジョウの反対側には、デプスバーと呼ばれる突起物があり、くぼんだ部分の深さを測定するときに必要です。

- デプス基準面
- デプスバー

図2.63　一般的なM形ノギス
(㈱ミツトヨのN15などが一般的なM形ノギスです)

②外側測定用ジョウで測る

被測定物の外径を測定するときは、被測定物の中心線とノギスのジョウが直角になるように、静かにはさみます。

ノギスのジョウは、決して分厚いものではないため、傾くことが多いため、注意しなくてはなりません。このときにジョウを傾けると、実際よりも大きな値になってしまいます。

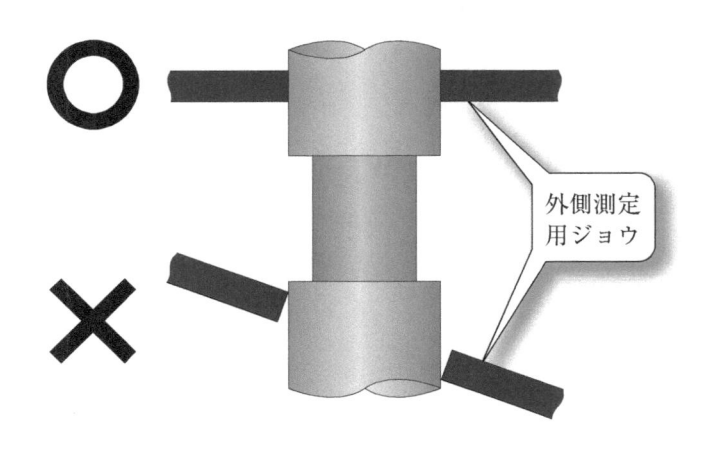

図2.64 外側測定用ジョウで測る

また、できるだけ被測定物を本尺に近づけて測定すると、誤差が少なくなります。

測定しているとき、被測定物からジョウに対しては、測定力と同じ大きさで、反対方向の力が作用します。この力によって、スライダー側のジョウは、**図2.65**に示した矢印の方向に回転し、誤差が生じるのです。

特に、外側測定用ジョウの先端部は、とりわけ薄く作られており、円筒形で溝のある被測定物を測定するのに適します。こ

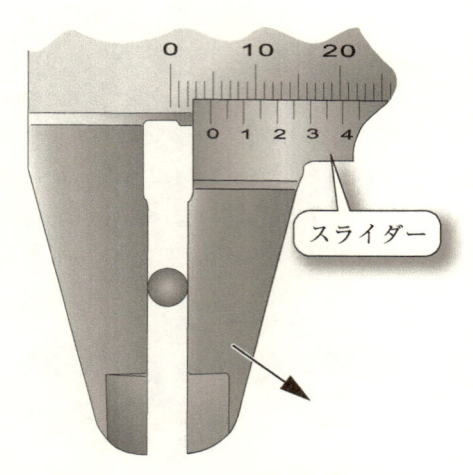

図2.65 できるだけ本尺の近くで測る

スライダー

スペーサなどの円筒形部品

内側測定用クチバシ

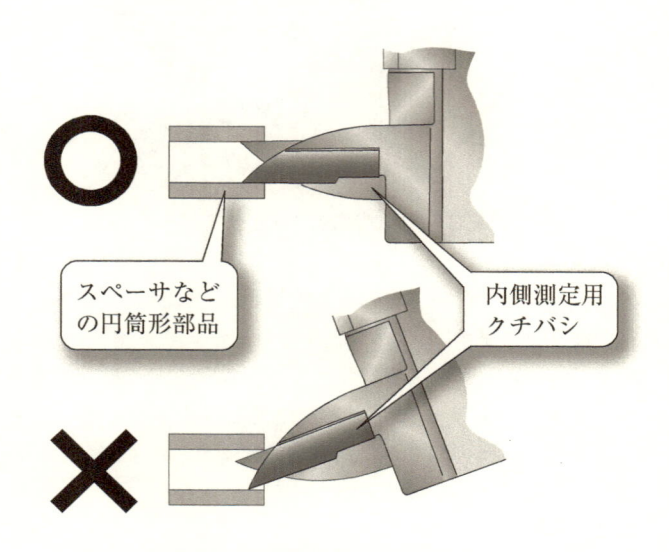

図2.66 内側測定用クチバシで測る

の部分は、強い衝撃で変形する恐れがあり、しかも本尺から最も離れているため、取り扱いには十分に注意しましょう。

③内側測定用クチバシで測る（図2.66）

たとえば円筒の内径を測るときは、内側測定用クチバシを使います。外径測定のときと同様に、傾かないようにしなくてはなりません。

④デプスバーで測る

段差や穴深さを測定する場合は、デプスバーを図2.67のように使います。

デプスバーの特長は、先端部の「逃げ」、つまり切り取った部分があるという点です。これがあるおかげで、被測定物の隅に丸みがあっても、正しく測定することができるのです。

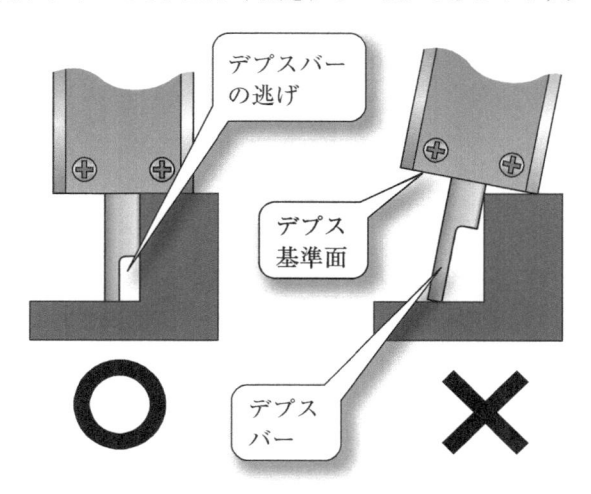

図2.67　デプスバーで測る

しかし注意点は、外側・内側と全く同じです。決して傾けてはいけないということです。

⑤目盛りの読み方

実際の測定値は、本尺と副尺を足し算して求めます。

まず、副尺目盛りの0のところの本尺を読みます。**図2.68**では、4mmです。次に、本尺と副尺の目盛りが、タテに一直線になるところの副尺を読みます。

副尺の目盛りが7.5ですが、これは1mmを目盛り10として表記したものですので、0.75mmということになります。

したがって、**図2.68**の目盛りは、 4 + 0.75 = 4.75mmです。もし、本尺と副尺の目盛りがぴったりと合わないときは、中間の値を目測で読み取ることになります。

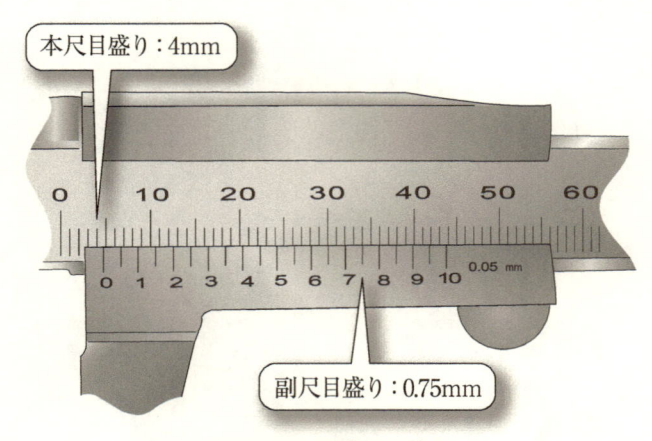

図2.68　目盛りを読む

ところで、副尺の目盛りは、本尺目盛りの（$n-1$）をn等分したものです。本尺の最小目盛りが1mmのとき、ノギスの

最小読み取り値は、$1 \times \{1 - (n - 1)/n\}$ mm となるのです。たとえば、図2.68のように本尺の最小目盛り1mmで20等分であれば、$1 \times (1 - 19/20)$ mm = 0.05mm となります。

なお、一般的なノギスの本尺最小目盛りは、1 mmと0.5 mm、また、最小読み取り値としては0.1mm、0.05mm、0.02mmの3種があります。

2.18 マイクロメータで測る

電子回路の試作で、ノギスほど使用頻度は高くありませんが、電線の太さやプリント基板の厚みなど、ノギスでは測りにくい短い長さを、精密に測ることができます。

①種類と構造

マイクロメータには、外径測定用（外側マイクロメータ）、内径測定用（内側マイクロメータ）、段差・深さ測定用（デプスマイクロメータ）があります。その中で最も一般的なのが、図2.69のような「外側マイクロメータ」です。これを、単にマイクロメータと呼びます。

さて、簡単に構造を説明します。

フレームを押さえて、ラチェットストップを回すと、シンブルとスピンドルと呼ばれる部分が回転します。このとき、スピンドルのオネジはスリーブ内面のメネジに組み合わされているため、スピンドルの回転角に応じて、スピンドルが前進または後退するのです。

被測定面に接近させるときには、必ずラチェットストップを回転させます。被測定面に接触し、測定力が一定値を超えると、カチカチという音が出て、シンブルは回転しなくなります。そして、この状態で目盛りを読み取るのです。

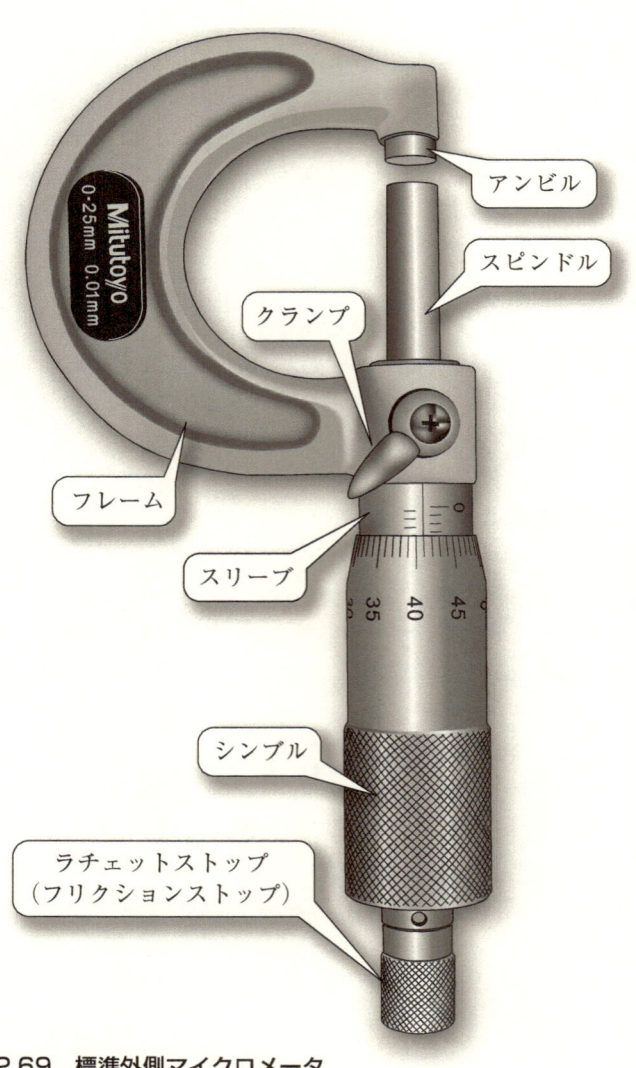

**図2.69 標準外側マイクロメータ
(㈱ミツトヨのM110-25型など)**

なお、シンブルを直接回すと、測定力が大きくなりすぎて、オネジとメネジが損耗してしまい、マイクロメータの精度を悪化させますので、要注意です。

②測定範囲

ノギスに比べて精密である分、測定範囲はひじょうに狭く、25mm単位になっています。たとえば、0～25mm用、50～75mm用、100～125mm用、475～500mm用など、目的に応じて選べるように商品化されているのです。

③目盛り

マイクロメータは、ネジの送り量が回転した角度に比例することを利用してできており、一般には、ピッチ0.5mmのネジを使っています。

スリーブの目盛りは2段になっており、上側は1mm単位、下側は0.5mm単位で刻んであります。また、シンブルには、円周を50等分した目盛りが刻んであり、1回転すると0.5mmです。そのため、1目盛りは、0.5/50mm = 0.01mmです。

④0点合わせ（図2.70）

実際の測定に入る前に、やっておくことがあります。それは0点合わせです。精密な計測器ですので、このような操作が必要なのです。

(1) アンビルとスピンドルの両測定面をきれいにします。間に紙を1枚はさんで抜き取るのです。このとき、測定面を指でふいてはいけません。
(2) 両測定面を密着させます。具体的には、ラチェットストップを2～3回空転させます。この操作で、0点が合っているか

どうかを確認することができます。

(3) もし、ずれていたら、まず0mmの位置でクランプを締め付けます。次に、かぎスパナをクランプの反対側の穴に引っ掛けて、フレームを握りゆっくりと0mmになるように回転させます。

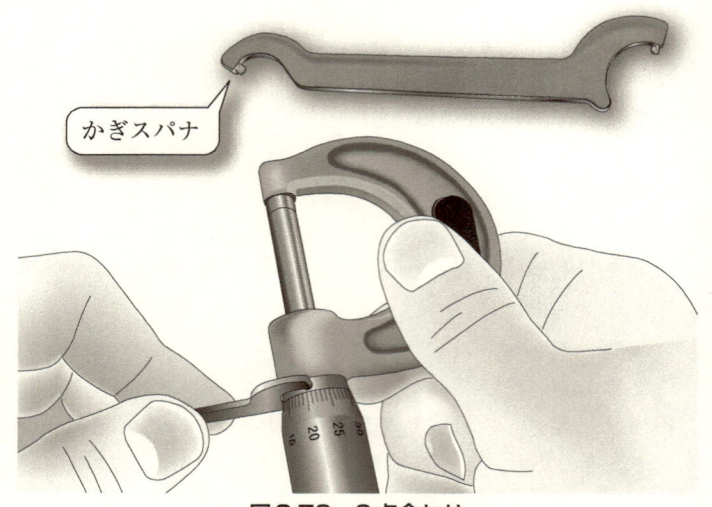

図2.70　0点合わせ

⑤寸法を測る

被測定物をはさんだところから、測定方法を説明しましょう。

まず、目盛りの意味ですが、スリーブの基準線の上側に1mm単位の目盛りがあります。この目盛りに対して、基準線下側の目盛りは、いずれも0.5mmずれています。

また、シンブルには円周上に50等分の目盛りがあって、シ

第2章　腕と道具をそろえる

ンブル1回転、つまり50目盛りごとに、基準線方向に0.5mmだけ移動するのです。すなわち、シンブルの1目盛りは0.01mmということになります。

そのため、測定寸法はスリーブの読みとシンブルの読みを足し算して求められます。具体例を**図2.71**に示します。

Aの場合は、6.0mmの目盛りが見えていますが、6.5mmは見えていません。また、基準線に一致するシンブル上の目盛りは0.30mmです。したがって、このときの寸法は、6.0 + 0.30 = 6.30mmとなります。

一方Bの場合は、6.5mmの目盛りが見えているので、6.5 + 0.30 = 6.80mmと読むことができます。

スリーブの基準線の上側に1mmごとの目盛りがあります。

A
スリーブの読み：6.0mm
シンブルの読み：0.30mm
測定値　　　　：6.30mm

基準線下側の目盛りは、基準線上側よりも0.5mmずれています。

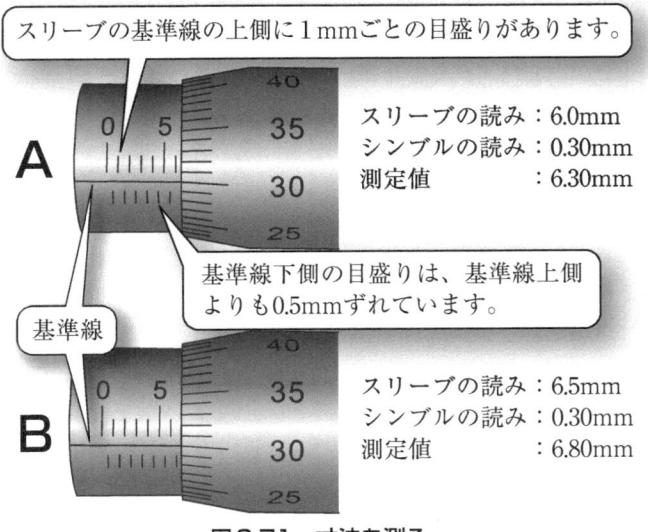

基準線

B
スリーブの読み：6.5mm
シンブルの読み：0.30mm
測定値　　　　：6.80mm

図2.71　寸法を測る

コラム8：どうやって測る？　〈基板の穴径〉

　通常、電子回路の試作では、精密に長さを知るための測定器は不要です。あらかじめ、部品メーカからの仕様書を入手しておけば、寸法だけではなく、そのバラツキも把握できるからです。

　そのため、少し正確に寸法を把握しておきたいという希望があればノギスで十分といえます。しかし、マイクロメータも含めて、これら2種類の計測器を使っても構造的に測れないものがあります。

　それは、ユニバーサル基板など部品のリード線を挿入する「穴」の直径です。1mm前後の穴があいていますが、電子部品によってはリード線の径が大きかったり、断面が四角であるために、ドリルなどで追加の穴加工が必要となる場合があります。

　基板の穴径を確認する手軽な方法としては、ピンゲージが挙げられます。本書が対象とする分野から外れますので、詳細は述べませんが、簡単にいうとピンゲージは、超硬合金やゲージ鋼と呼ばれる、ひじょうに硬い材料で作られた精密な円柱です。

　たとえば、㈱ミスミのゲージ鋼ピンゲージ（PING-Gシリーズ）の場合、0.10mmから20.00mmまでの間に、0.01mm単位で1本ずつをそろえることができます。手で扱うにはあまりにも細い場合は、ピンバイスと呼ばれるホルダに装着して計測します。

　本来、ピンゲージは、穴加工された金属の穴精度を測るのが目的です。そのため、プリント基板のようなやわらかい素材に、これほどのゲージを使う必要があるのかといえば、疑問は残ります。

　しかし、プリント基板の基材に金属を使う場合もありますし、電子機器のケースの中でプリント基板が固定されるのは、金属や樹脂の上です。知識として知っておいてもムダにはならないでしょう。

第3章
ブレッドボードで組む

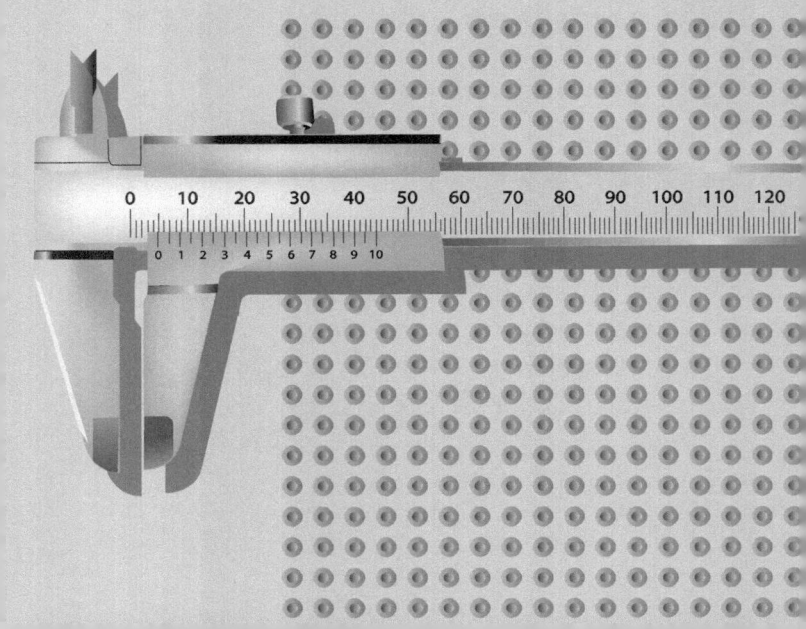

「ブレッドボード」ということばは「bread board」、つまりパンを作るときに種（小麦粉）を練ったりたたいたりする板の名称が由来とされています。

かつて、半導体メーカでは、木製の板にピンを立て、その先に電子部品のリード線をハンダ付けしていき、ICの内部設計に利用したのです。その木製の板が「bread board」そのものに見えたので、ブレッドボードと呼ばれるようになりました。

しかし、現在のブレッドボードは、電子部品のリード線が所定の線径であれば、ハンダ付けをする必要がありません。また、それぞれの部品は必要に応じて取り外しが自由にできるので、配線を間違えても、簡単につなぎ直すことができます。

第1章では、無安定マルチバイブレータを例に挙げて、その原理や部品の選定を行いましたが、**第3章**では、ブレッドボードの使い方を学びながら、無安定マルチバイブレータを実際に製作して動かしてみましょう。

3.1 ブレッドボードのしくみ

ブレッドボードは、直径約1mmの穴が縦横に並んだプレートと、それを支える板、そして電源用の端子によって構成されています。

たくさんの穴は、1つ1つが独立しているわけではなく、一定の決まりにしたがって、内部でつながっています。その穴に、抵抗やコンデンサなどの部品から出ているリード線を差し込み、両端の被覆をはいだ単線を使って配線するのです。

つまり、ブレッドボードとは、ハンダ付けなしに部品を配線し、実際に電気を通して回路を動かすことのできる電子回路部品です。

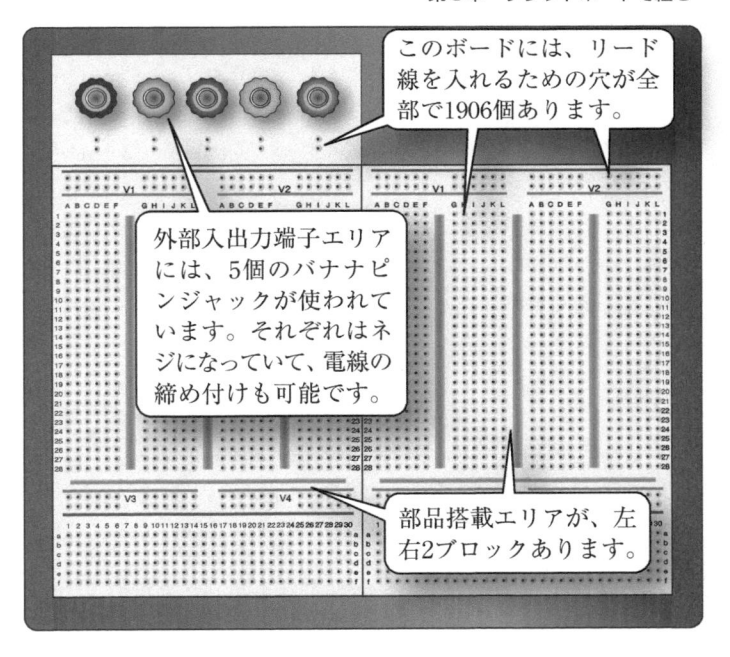

図3.1 現在のブレッドボード
(㈱サンハヤト SAD-12の例)

ここでは、㈱サンハヤトのSAD-12を例に、内部接続の様子を説明しましょう。

①内部端子の構造

図3.1の白っぽい部分は、樹脂でできています。そして、たくさん並んだ穴の中には、図3.2のような金属端子が埋め込まれています。

材質は、銀とニッケルの合金で、耐食性が高くバネ性があります。このバネを使ってリード線を電気的に接続するのです。

しかし、ブレッドボードは万能ではありません。リード線の付いた電子部品がすべて利用できるわけではなく、メーカ側では、使用可能線径として、AWG22からAWG30、**コラム5**の線号表から多少ずれていますが、直径でいうと、0.3mmから0.8mmを指定しています。

指定された線径を用いないと、電気的な接触不良を起こして電子回路が動作しなくなったり、内部端子を傷つけて破損させることもあります。リード線を差し込んだまま、そこでハンダ付けすることなど、もってのほかです。

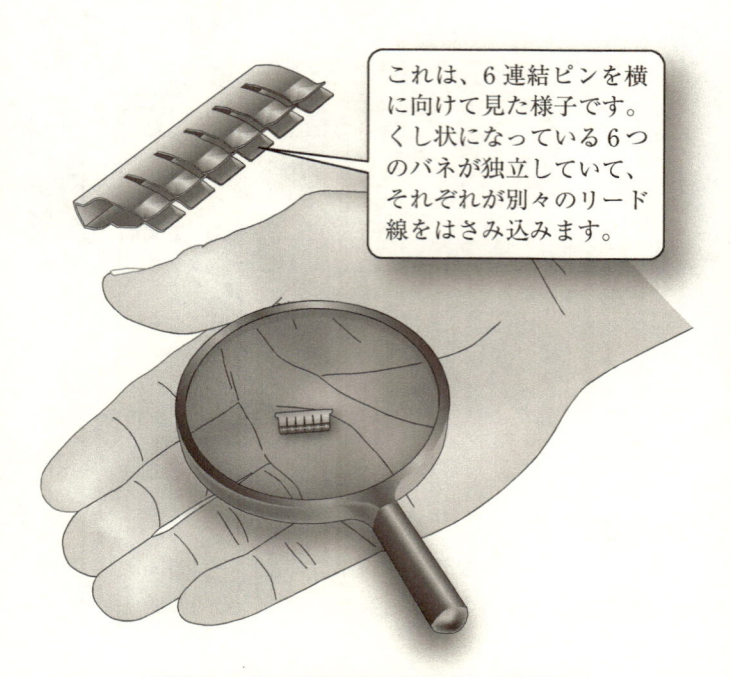

> これは、6連結ピンを横に向けて見た様子です。くし状になっている6つのバネが独立していて、それぞれが別々のリード線をはさみ込みます。

図3.2　リード線同士を接続する内部端子
（6連結ピンの場合）

第3章 ブレッドボードで組む

　線径以外にも、内部端子には以下のスペックがあり、これらの条件を理解した上で利用することが求められます。
(1)絶縁抵抗：1000MΩ以上（@DC500V/1分間）
(2)静電容量：15pF以下（@1MHz）
(3)抵抗値：10mΩ
(4)電流容量：最大3A

　簡単に要約すると、「高電圧・大電流・高周波で使用してはならない」という意味になります。

　また、仮にこれらの条件を満たすよう電子回路を配線したとしても、とりわけ多いミスがやはり「線径」の見落としです。電子部品のリード線や、部品間を接続するジャンパー線について、線径を全く確認せずに取り付けている場面をよく目にします。

　なお、筆者が使っているジャンパー線は、英ケーブルズ社（CABLES BRITAIN LIMITED）のBS4808規格電線です。BS4808には、いくつかの太さや導体の構成がありますが、ブレッドボードに適するのは、芯線の径が0.6mmの単線のものです（表示は「1/0.6mm」）。

　この電線の表面には、スズメッキが施されており、メッキのない裸銅線に比べて腐食しにくく、短期間であれば繰り返し利用できます。

　主な仕様を、以下に列挙します。
(1)絶縁被膜材料：PVC（ポリ塩化ビニル）、耐熱温度85℃
(2)断面積：0.28mm²
(3)導体径：0.60mm
(4)絶縁被膜厚：0.3mm（公称値）
(5)線径：1.3mm（公称値)
(6)最大電気抵抗：64.1Ω/km（@20℃）

コラム9：電線の規格
　電線は、電気製品の品質や安全性を保つために、さまざまな規格によって管理されています。また、それがわかるように、規格名のアルファベットと数字を組み合わせて品番として名づけていることが多いのも、電線の特徴です。
　主な海外規格を以下に紹介します。

①ASTM規格
制定した組織：米国材料試験協会（American Society for Testing and Materials）
制定の目的：米国内における工業材料に関する仕様書および試験方法の標準化。

②BS規格［3.1節でBS4808を紹介しています］
制定した組織：英国標準協会（British Standards Institution）
制定の目的：技術や資材の改良、それらの標準、単一化。

③CEE規格
制定した組織：欧州電気機器統一安全規格委員会（Commission International de Certification de Conformite de l'Equipment Electrique）
制定の目的：欧州各国の電気機器の安全確保。

④CSA規格
制定した組織：カナダ規格協会（Canadian Standards Association）
制定の目的：電気製品を使用するときの、人命の保護や安全保障。

⑤DIN規格
制定した組織：ドイツ規格協会（Deutsches Institut für Normung）

⑥GOST規格
制定した組織：旧ソ連閣僚会議国家標準委員会（State Committee for Standards of the USSR Council of Ministers）

⑦ IEC規格
制定した組織:国際電気標準会議(International Electrotechnical Commission)
制定の目的:電気に関する規格を国際的に統一、および協調を促進する。

⑧ IEEE規格
制定した組織:米国電気・電子技術者協会(Institute of Electrical and Electronics Engineers)

⑨ ISO規格
制定した組織:国際標準化機構(International Organization for Standardization)
制定の目的:電気分野以外の分野の規格を国際的に統一および協調を促進する。

⑩ MIL規格
制定した組織:米国防総省(Department of Defence)
制定の目的:連邦政府機関で使用する材料、製品、役務および一般産業用の仕様を統一する。

⑪ NF規格
制定した組織:フランス規格協会(Association Française de Normalisation)

⑫ UL規格 [コラム11でUL1213を紹介しています]
制定した組織:米国火災保険協会(Underwriters Laboratories' In.)
制定の目的:電気製品による火災、盗難その他の事故から人命、財産を保護する。

⑬ VDE規格
制定した組織:ドイツ電気技師連盟(Verband Deutscher Elektrotechniker)
制定の目的:電気製品に対する安全確保。

(7)電流容量：1.8A（@70℃）
(8)耐電圧：AC1000V（実効値）
(9)最低曲げ温度：− 15℃

②外部入出力端子エリア

　図3.3は、外部入出力端子エリアです。後に述べる「部品搭載エリア」とは独立しており、電源ラインや信号の入出力をしやすくするための端子が付いています。

③部品搭載エリア

　図3.4から図3.7は、部品搭載エリアを内部端子の違いによって分離した様子です。このエリアの樹脂ブロックは、同じものが2つ並べられていますので、1つについて内部端子を説明します。

(1)電源ラインとグラウンドライン（図3.4と図3.5）

「V1」という表示の帯があり、この帯のすぐ上に、6穴＋6穴＝12穴が連結した内部端子があります。同様に、次の3つのラインがそれぞれ独立して配置されています。

・「V2」下の帯が示す12穴
・「V3」上の帯が示す12穴
・「V4」上の帯が示す12穴

　これら4つのラインは、主に電源ラインとして利用します。また、これら4つを独立したまま使えば、4電源の供給ができますし、単電源、つまり1種類の電源だけで電子回路を動かすのであれば、4つをジャンパー線で接続して使います。

　一方、グラウンドラインは、最も長い距離を導通しており、V1・V2ラインの上に24穴、V3・V4の下に24穴が配置されて

います。また、それがわかるように、24穴のそばに帯が印刷されています。

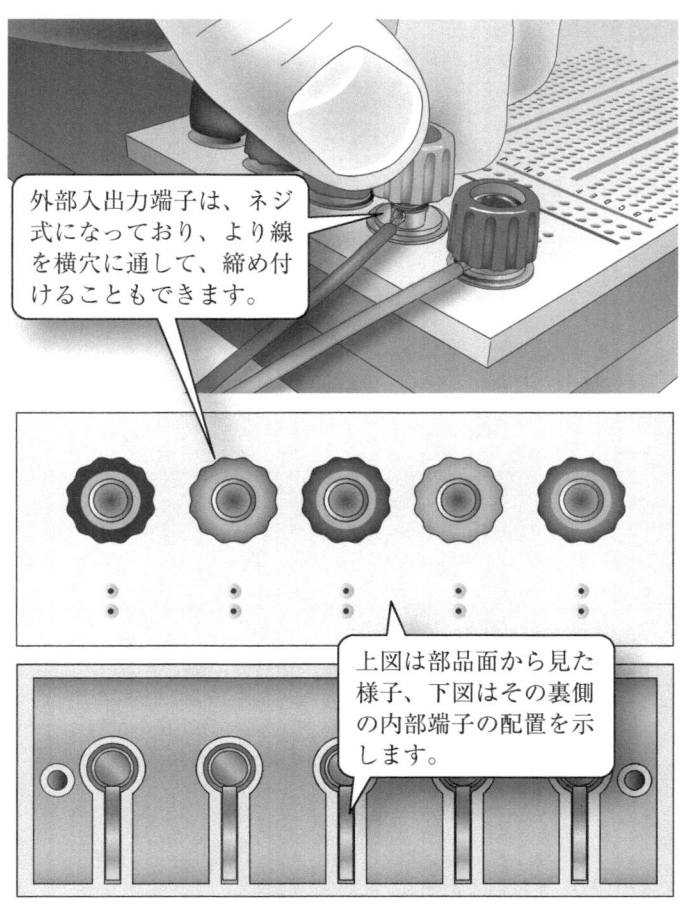

外部入出力端子は、ネジ式になっており、より線を横穴に通して、締め付けることもできます。

上図は部品面から見た様子、下図はその裏側の内部端子の配置を示します。

図3.3 外部入出力端子エリア

図3.4 電源ラインとグラウンドライン（上部）

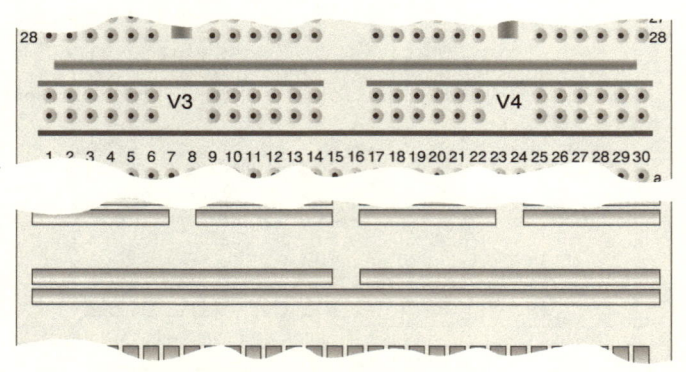

図3.5 電源ラインとグラウンドライン（下部）

(2)部品用縦型ライン（図3.6）

部品搭載エリアの最も下には、6×30のマトリックスがあります。左端のa、b、c、d、e、fは「行」の名称で、縦の6穴が内部で導通しています。

また、横方向の数字は「列」の名称を表し、隣同士の導通はありません。

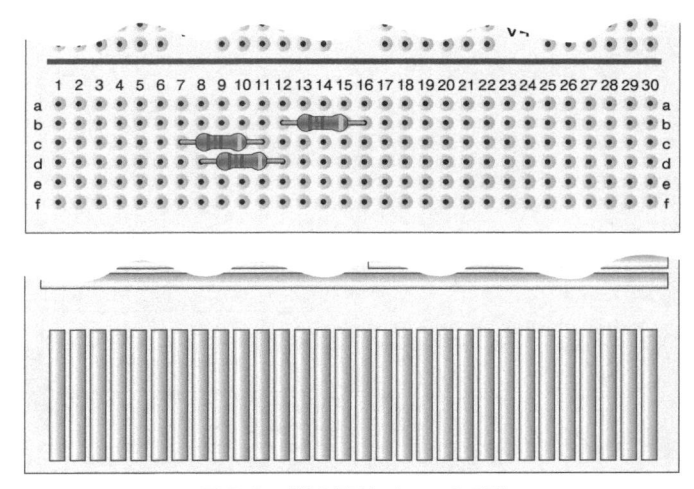

図3.6　縦6連結ピン×30列

電子部品のリード線を、横向けに配置するときに使います。

(3)部品用横型ライン（図3.7）

図3.6に対して、マトリックスの行と列を入れ替えたものが、ブレッドボードの大部分を占める横型の6連結ラインです。単なるマトリックスではなく、DIP（デュアル・インライン・パッケージ）のICが搭載しやすいように、3つの溝が設けられています。

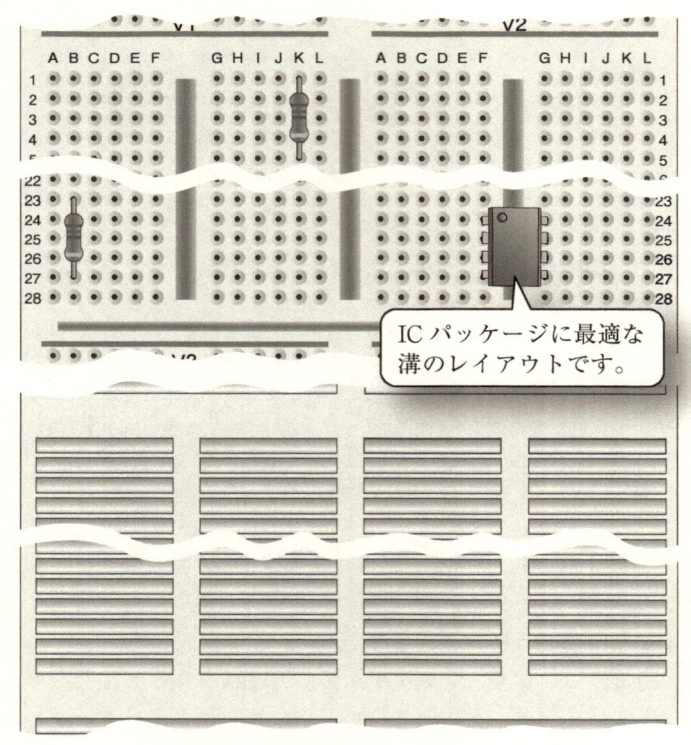

> ICパッケージに最適な溝のレイアウトです。

図3.7 横6連結ピン×28行×4列

3.2 無安定マルチバイブレータを作る

内部端子のしくみがわかりましたので、実際に**第1章**で設計した無安定マルチバイブレータを組んでみましょう。

①リード線の線径を確認する

図3.8に示すように選定した電子部品を手元に用意したら、まず、各部品のリード線がブレッドボードに適合している

のかをチェックします。仕様書があれば外形図から寸法を読み取り、なければノギスやマイクロメータで計測する必要があります。

面倒ですが、ブレッドボードを安心して使い続けるための手続きです。

以下は、仕様書から抜粋した線径および断面の形状です。

Tr_1、Tr_2（2SC1815GR）：0.45mm × 0.45mm角形

D_1（SLR-332VR）：0.4mm × 0.4mm角形

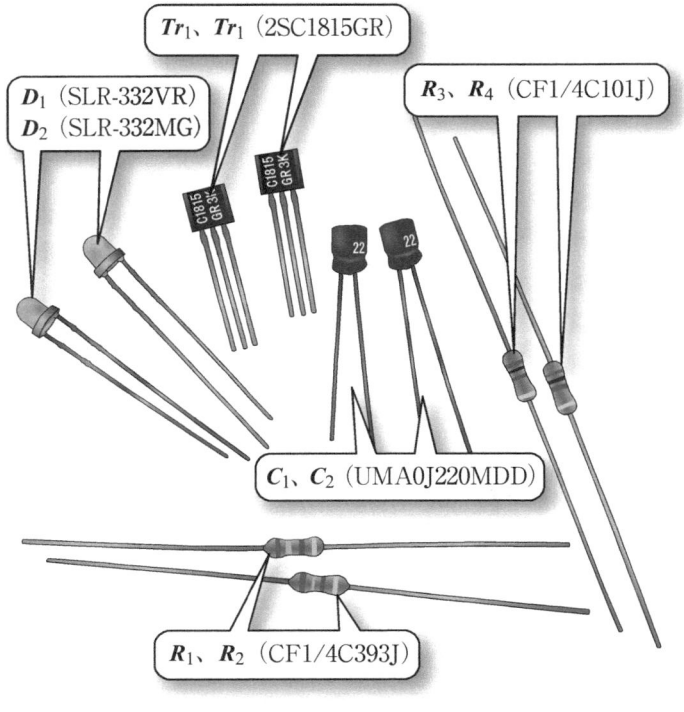

図3.8 選んだ部品を集める

D_2(SLR-332MG):0.4mm × 0.4mm角形

R_1、R_2(CF1/4C393J):0.6mm円形

R_3、R_4(CF1/4C101J):0.6mm円形

C_1、C_2(UMA0J220MDD):0.45mm円形

ブレッドボードの仕様は、0.3〜0.8mmですから、いずれも適合していることがわかります。

②リード線のフォーミング(図3.9)

電子部品をブレッドボードに取り付けるときの基本は、「ブレッドボードの規格に合わせる」ということです。あくまでもブレッドボードが主役です。

もう1つは、「限りなくプリント基板に近づける」こと。これは、ユニバーサル基板と共通することですが、理想的な電子回路は、厚みゼロです。電子部品を傷めないことを前提に、で

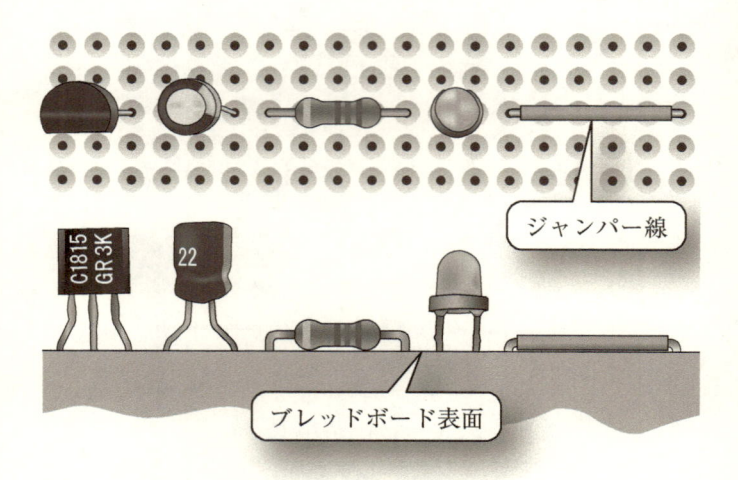

図3.9 フォーミング

③回路図を見ながら配線する

　電子部品のフォーミングが終われば、配線作業に入ります。ジャンパー線をまだフォーミングしていませんが、部品を取り付けてからカスタマイズします。もちろん、加工して市販されているジャンパー線を使っても結構です。

　それ以外に準備すべきものは、見やすい大きさに拡大した回路図のコピーと、ラインマーカーです。

　回路図のオリジナルは大切に保管し、配線用はどんなに汚しても、傷ついてもよいようにコピーを使います。コピーは乾式です。最近家庭でも普及している、インクジェットプリンタ兼用のカラーコピー機でコピーすると、ラインマーカーのインクがにじんでしまいます。

　ラインマーカーは、配線の経過を着色によって記録するためのものです。1つの部品、あるいは1本のジャンパー線を取り付けたら、その都度、回路図上にその箇所を着色します。選ぶマーカーは、手に付いた汚れが落ちやすいので、水性が扱いやすいでしょう。色は、ピンクや薄いグリーンなど、**重ね塗りしても黒い直線や図記号が消えないもの**を選びます。

　図3.10から**図3.16**まで段階的に部品を追加していく様子を示しました。配線方針は読者ごとに決めてよいのですが、参考までに筆者の作業方針を列挙しておきます。

(1) グラウンドラインと電源ラインを最初に配線します。ただし、両方が難しいときは、いずれか一方のラインから始めます。また、グラウンドのジャンパー配線色は黒で統一します。単

一電源の電子回路ならば、電源ラインは赤です。これらの配線が最も重要だからです。
(2)部品間はゆったりとスペースをあけ、部品の位置関係を回路図上の部品図記号と同じにします。部品点数が増えても、回路図中のどの部品なのかが短時間で特定でき、すばやく部品を交換できます。
(3)どんなに部品が少なくても、ラインマーカーを使います。その日の作業を中断しても安心ですし、記憶に頼って複雑な電子回路に挑戦すれば必ず失敗することを、筆者が経験しているからです。

第3章 ブレッドボードで組む

> このグレーの円は、ラインマーカーです。

グラウンドライン

電源ライン

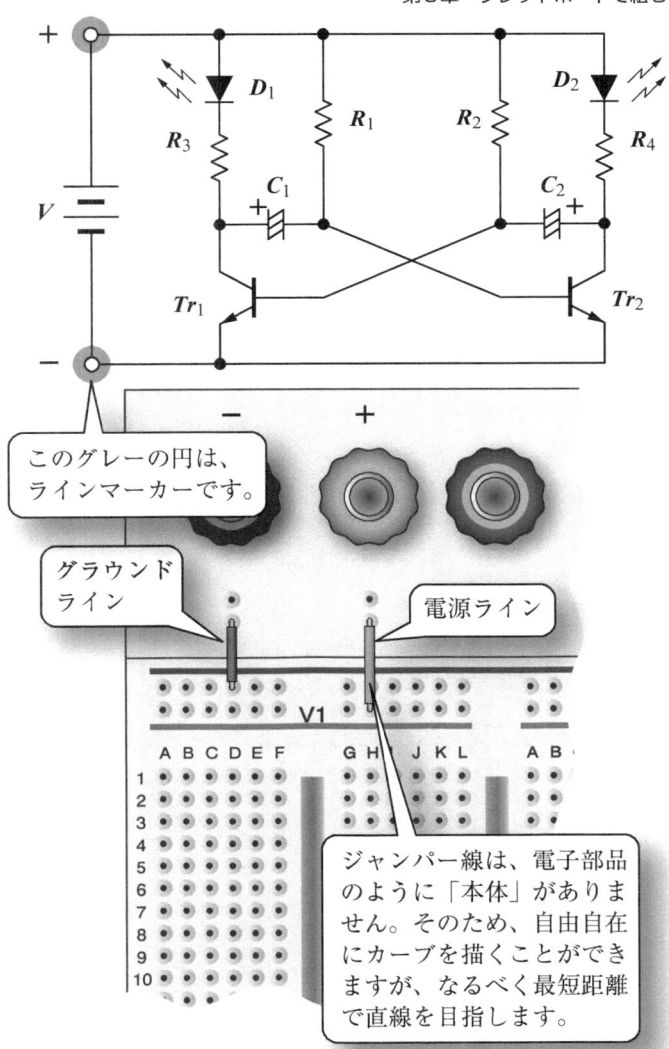

> ジャンパー線は、電子部品のように「本体」がありません。そのため、自由自在にカーブを描くことができますが、なるべく最短距離で直線を目指します。

図3.10 電源ライン、グラウンドラインの配線

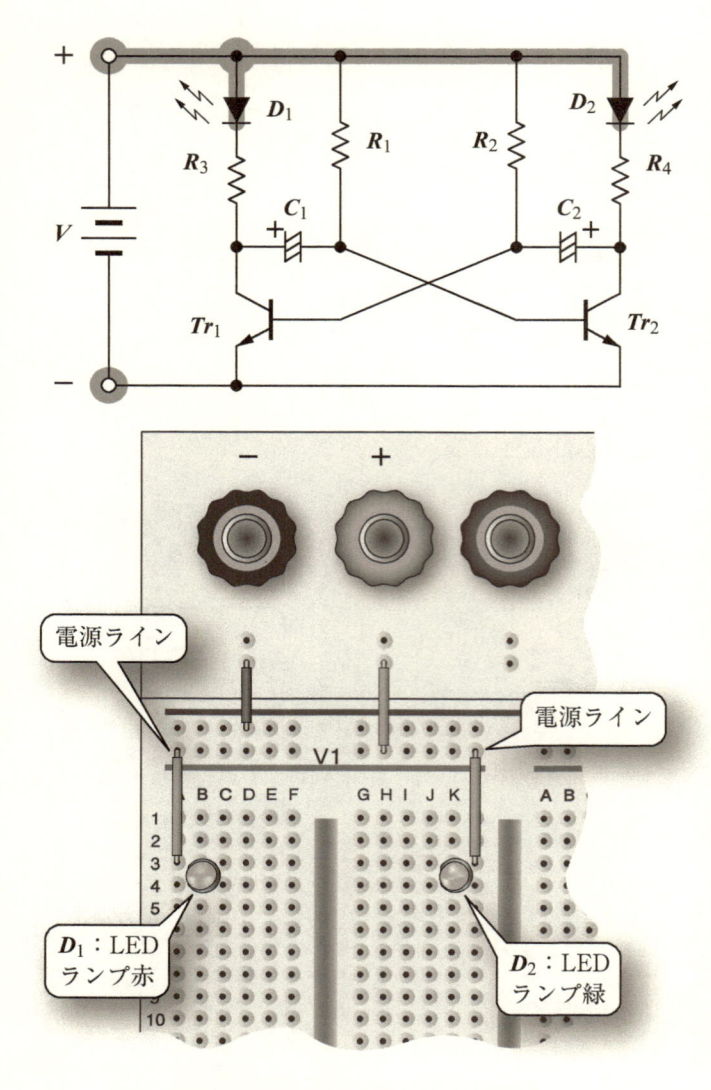

図3.11　D_1、D_2の取り付け・配線

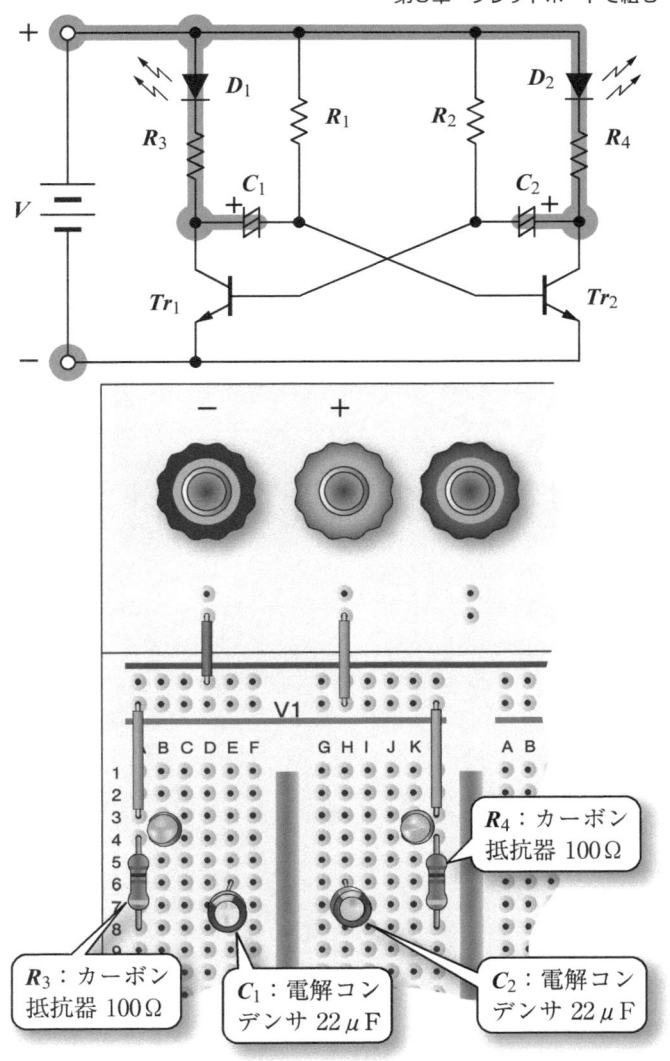

図 3.12　R_3、R_4、C_1、C_2 の取り付け・配線

- R_3：カーボン抵抗器 100Ω
- R_4：カーボン抵抗器 100Ω
- C_1：電解コンデンサ 22μF
- C_2：電解コンデンサ 22μF

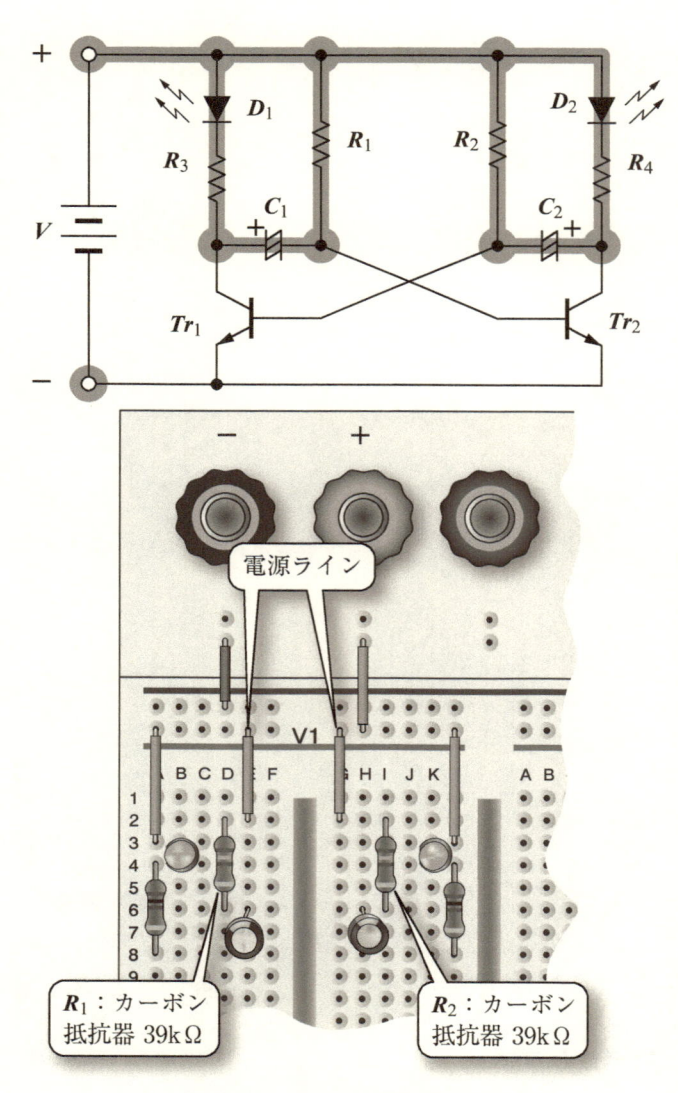

図3.13 R_1、R_2 の取り付け・配線

第3章 ブレッドボードで組む

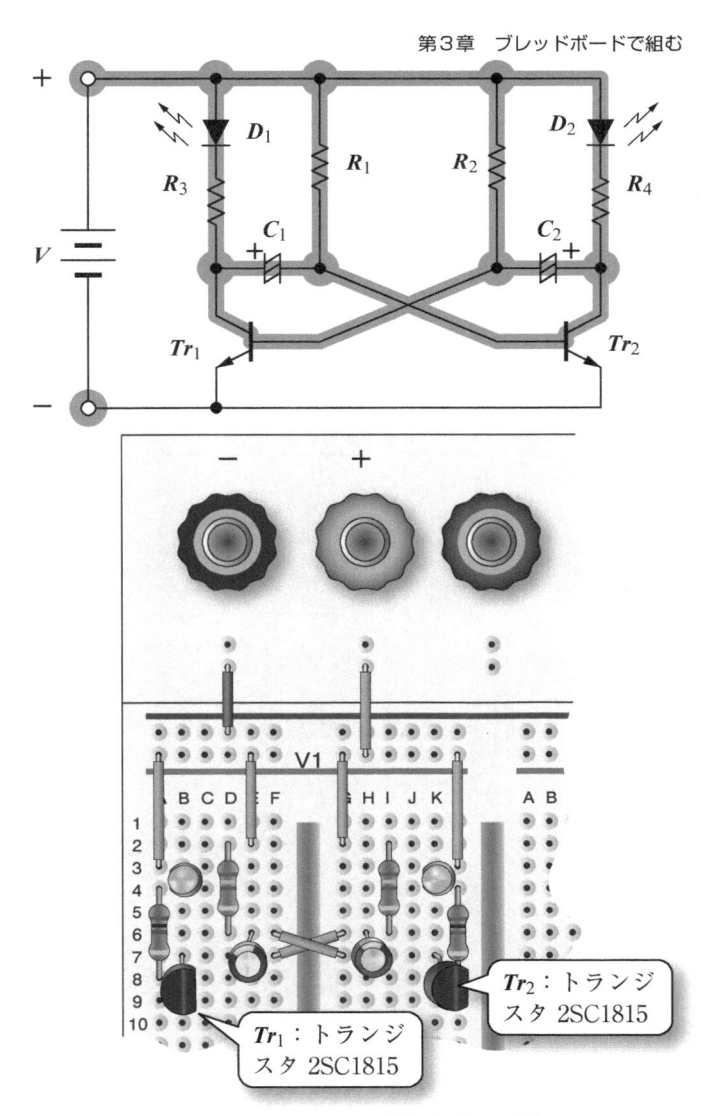

図3.14 Tr_1、Tr_2の取り付け・配線

Tr_1：トランジスタ 2SC1815

Tr_2：トランジスタ 2SC1815

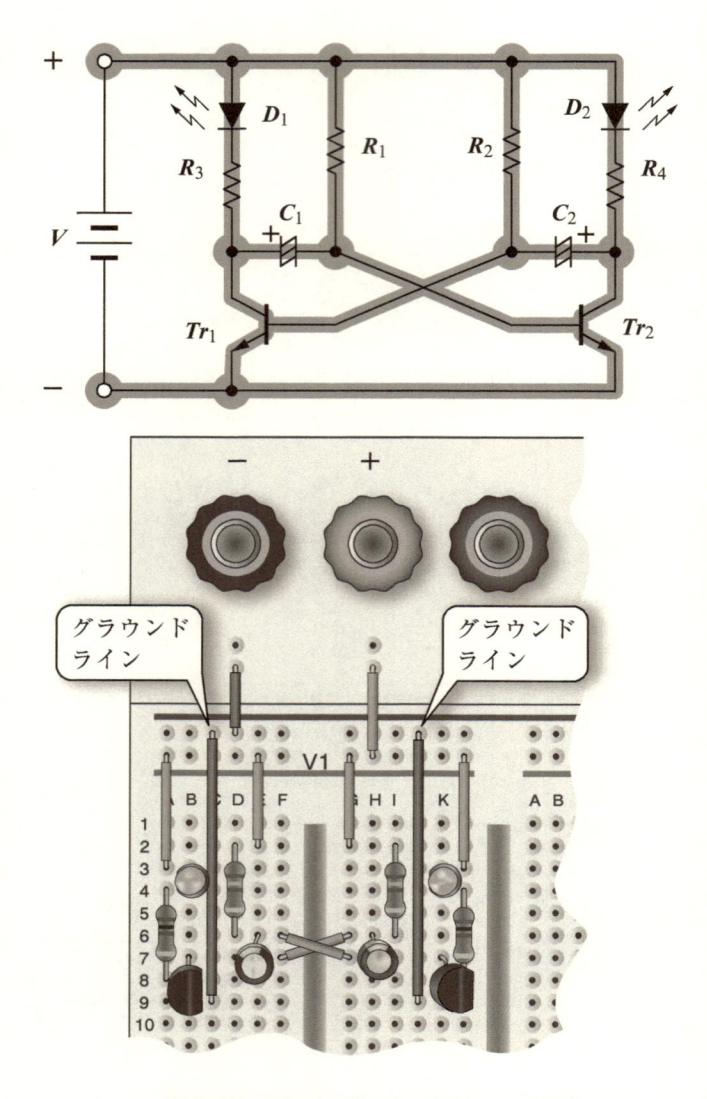

図3.15 残りのグラウンドラインの配線

172

第3章 ブレッドボードで組む

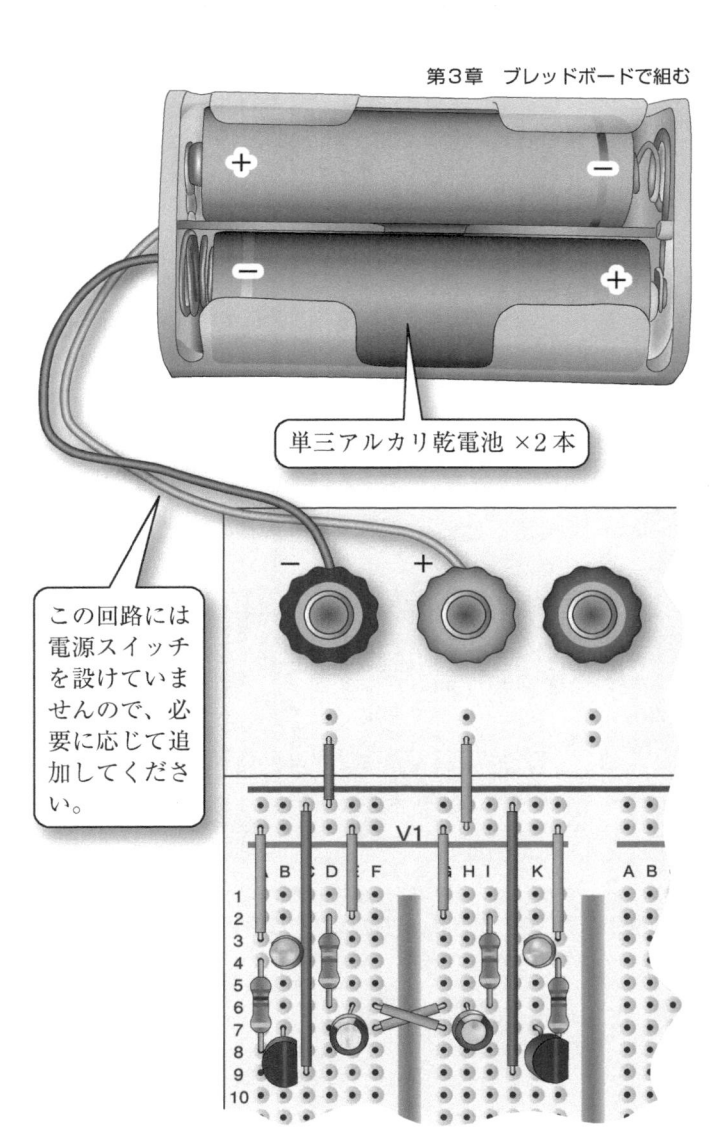

単三アルカリ乾電池 ×2本

この回路には電源スイッチを設けていませんので、必要に応じて追加してください。

図3.16 電池ボックスの接続

コラム10：条件を満たさない部品は使えるのか？

　3.1節で述べたように、ブレッドボードに使える電子部品には線径の制約があります。それ以外の線径を使うことはできません。それでは、どうしても細いリード線や逆に太いものを使わないといけない場合は、どうすればよいのでしょうか？

　一言でいうと、使用できる導線と使用できない電子部品のリード線を、ブレッドボードの外でハンダ付けすればよいということです。ここでは、2つの事例を取り上げます。

①太いリード線

　パワートランジスタのリード線は板状になっており、カーボン抵抗器などに比べると、ひじょうに丈夫です。

　右は、2SD1415A（東芝）の外形図です。パッケージの名称は「TO-220(N)IS」。リード線幅の公称値が0.75mmですから、ブレッドボードで使用可能な0.8mmに対しては、かろうじてクリアしています。

　しかし、実際にブレッドボードの穴に入れてみると、指にかなりの圧力を感じます。

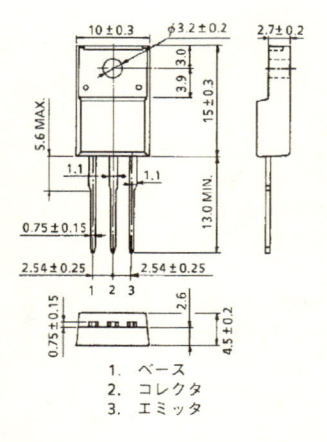

1. ベース
2. コレクタ
3. エミッタ

　このようなときは、挿入が可能であったとしても、ボードを長持ちさせるため、無理な実装は避けましょう。筆者は、ジャンパー線の芯線をトランジスタのリード線にハンダ付けしてから、ブレッドボードに取り付けます。

(1) 30～50mm程度に切断したジャンパー用単線の片方だけ、被覆をむきます。
(2) トランジスタのリード線と単線の芯線、双方に予備ハンダし、リード線に芯線が添うようにハンダ付けします。

第3章 ブレッドボードで組む

(3) ハンダが冷えたら、その状態で被覆を引き抜いて芯線（スズメッキ銅線）だけにします。以上の作業を3本について行います。
(4) フォーミングは、スズメッキ銅線だけに行います。ラジオペンチでしっかりと押さえ、L字形に曲げます。
(5) トランジスタの本体がブレッドボードに密着することを前提に、芯線の寸法を切りそろえます。

　ただし、このパッケージを利用するときには、線径以外の仕様にも注意が必要です。たとえば、あらかじめ回路設計の段階で、最大電流が3Aを超えるのであれば、ブレッドボードで使うことはできません。

②細いリード線

　下図は、コーア㈱の金属皮膜抵抗器（MRSシリーズ）の外形図です。角形のリード線ですが、その一方向厚さが0.25mmしかありません。ブレッドボードに使用すると、接触不良になります。

　この場合も、ジャンパー線を使って、リード線を補強します。ただし、細いリード線は変形しやすく、折れやすいため、穴に入れるときは、細心の注意が必要です。

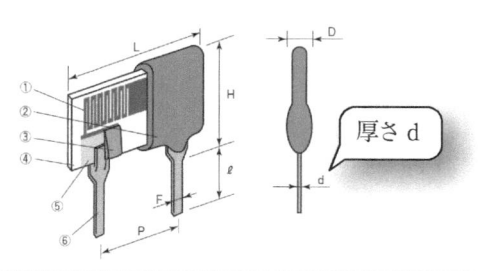

形 名 Type	寸法 Dimensions (mm)							Weight (g) (1000pcs)
	L max.	H max.	D max.	P±0.2	F (Nom.)	d (Nom.)	ℓ	
MRS1/8	5.6	6.2	2.5	2.54	0.5	0.25	3±0.5	103
MRS1/4	7.5			5.08				137
MRS1/3	7.5	9.0		3.81			3±2	212

厚さ d

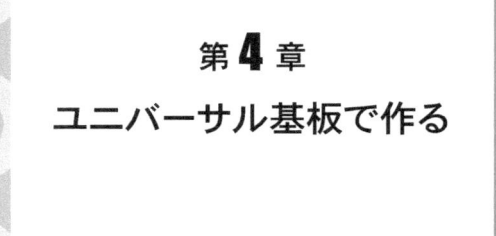

第 **4** 章
ユニバーサル基板で作る

第3章では、ブレッドボードを使って、電子回路の動作確認をしました。これは、金属同士の接触だけで配線する部品ですので、信頼性は高くありません。あくまでも、短時間で設計中の電子回路を動作確認するための部品なのです。

確かに、ていねいに作っておくと、1年以上放置しても正常に動きますが、内部端子の寿命を縮めることになり、好ましい使い方ではありません。目的を終えたら、すべての部品を撤去してください。

一方、回路構成と部品の選定が完了した電子回路を、長期的に動く形にしておきたいときには、ユニバーサル基板が最適です。手を抜くことのできないハンダ付けと、起こしてはならない配線ミスを意識しながらの作業は、ひじょうに神経をつかいますが、集中力を要する分、たいへんやりがいのある作業です。

同時に言えることは、すでに銅箔パターンによって配線の終わっているプリント基板に、定数の決まった電子部品を載せていく「キット商品」とはまったく別世界です。

この章では、ユニバーサル基板の上で、無安定マルチバイブレータを動かします。ブレッドボードとの大きな違いは、ハンダ付けの有無です。**第2章**のトレーニングを思い出してください。両手を動かすタイミングや、ハンダ付け箇所の念入りな観察を怠らなければ、必ず回路は動きます。

4.1 製作の方針を決める

ブレッドボードから一転して、部品を載せる「基板」や実装方法が大きく変わりますので、作業内容も追加しなくてはなりません。新たに決めるのは、以下の4項目です。

①ユニバーサル基板の種類

②電源の供給方法と電源スイッチの有無
③スペーサの有無
④部品配置

①ユニバーサル基板の選定

第2章では、2つのユニバーサル基板を説明しました。リード線の付いた電子部品さえあれば、回路方式を選ばないドットパターン(両面スルーホール、ハンダメッキ処理)と、2.54mmピッチのDIPに合わせて作られたICパターン(片面、ハンダメッキ処理)です。

トランジスタ方式の無安定マルチバイブレータではICを使いませんので、ここではドットパターンを選びます。ただし、ICパターンのユニバーサル基板が使えないわけではありません。

ICパターンのよいところは、最も配線量の多い、電源ラインとグラウンドラインがあらかじめ作ってあるという点です。また、電子回路の動作を考慮しても、これら2系統のインピーダンス(導体の抵抗やインダクタンス)が低くなることによって、回路の動作も安定する方向に改善されます。

そこで**4.3節**以降では、無安定マルチバイブレータをICパターンで組み立てた事例を紹介します。スズメッキ線の使い方が少し違います。

②電源の供給方法と電源スイッチの有無

ブレッドボードでは、乾電池を「外部入出力端子」につなぎました。電源仕様は変更すべきではありませんので、単三乾電池を2本載せることにします。ブレッドボードで使った電池ホルダには、基板実装が可能なタイプがあります。

また、電源スイッチも付けましょう。電池を入れたまま持ち運ぶために必要です。この変更にともない、回路図も**図4.1**のように書き換える必要があります。

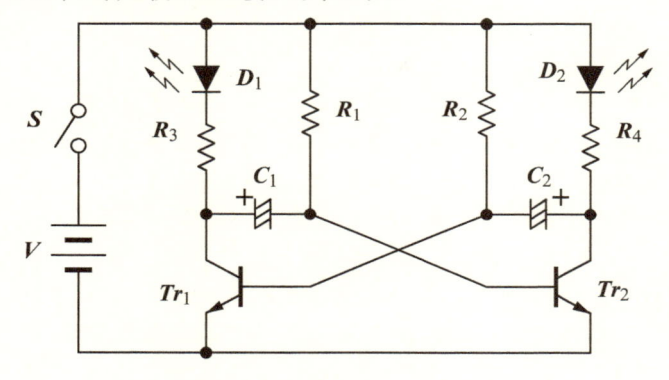

図4.1　回路図にスイッチを加える

③スペーサの有無

スペーサとは、基板をシャーシに取り付けたり、複数の基板を積み重ねるときに使う支柱のことで、用途に応じてさまざまな形状、寸法、材質のものが生産されています。**図4.2**は、その一例です。

たとえ試作品であったとしても、配線作業が終わったユニバーサル基板を、そのまま作業台の上に直接置くことは避けるべきです。

作業台の上には、小さな金属片が残っているはずです。また、配線を終えた無安定マルチバイブレータには、乾電池が装着されています。この基板を作業台に載せれば、当然のことながらショートし、電子部品の一部が破損することもあります。

また、配線の途中であっても、ハンダ付けされたランドには

第4章 ユニバーサル基板で作る

プラスドライバ

ナットドライバは、使用するスペーサの平径（六角柱の平行になっている2辺間の長さ）に適合していなくてはなりません。

ナベ小ネジ

スプリングワッシャー

プリント基板

平ワッシャー

㈱廣杉計器のASBシリーズなどです。

右図は、両メネジ六角スペーサと呼ばれるものです。ここでは、一方から小ネジを入れ、もう一方はナットドライバを使って、ネジ締め中に回転しないように固定します。

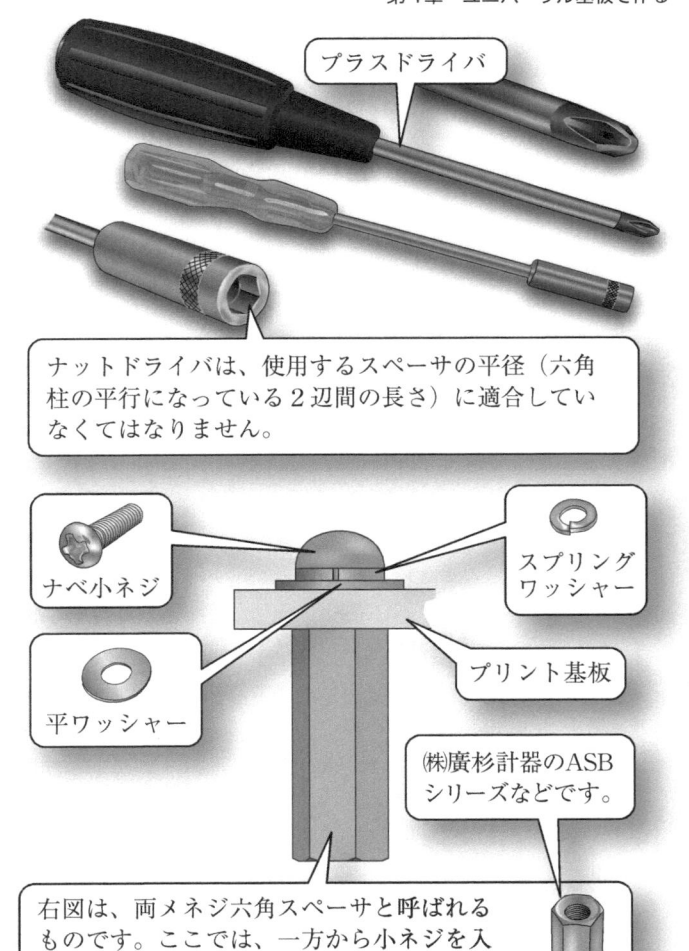

図4.2　スペーサを取り付ける

フラックスの膜が付着しています。フラックスには粘着性がありますので、ここに金属粉やさまざまなほこりが付着することがあります。

　作業台を小まめに清掃することも重要ですが、初めからスペーサを取り付けておけば、そうした手間も最小限にすることができます。そのために、ユニバーサル基板の多くは、四隅にM3（呼び径3mm）用のビス穴があけてあるのです。

④部品配置

　選んだユニバーサル基板の大きさに対して、製作する電子回路の規模がひじょうに小さくなります。ゆったりと電子部品を配置することもできますが、回路を安定に動作させることを考えると、不必要に部品間の距離を広げるべきではありません。

　できるだけコンパクトにまとめるというトレーニングを兼ねて、ここでは、基板の隅に部品を集めることにしましょう。

　①から④までの検討によって、完成外観は**図4.3**のようになりました。ここで新たに追加した電子部品は、電池ホルダとトグルスイッチです。

第4章 ユニバーサル基板で作る

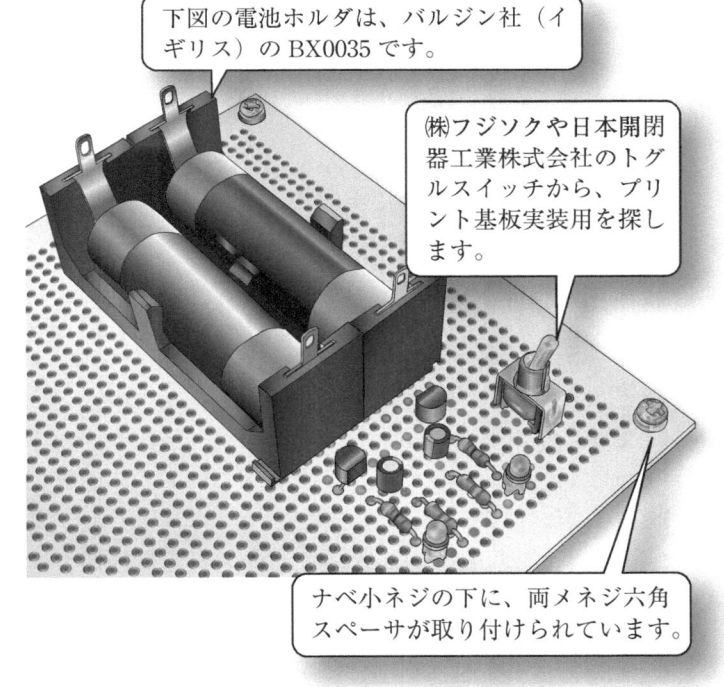

> 下図の電池ホルダは、バルジン社（イギリス）の BX0035 です。

> ㈱フジソクや日本開閉器工業株式会社のトグルスイッチから、プリント基板実装用を探します。

> ナベ小ネジの下に、両メネジ六角スペーサが取り付けられています。

図4.3 ドットパターンを用いた実装例

4.2 無安定マルチバイブレータを作る

ブレッドボードを使って部品を配置したときに、回路図上の位置関係に似ていると、配線しやすいことがおわかりいただけたかと思います。ここでも、回路図の部品配置を基準にして、作業を進めます。

①電子部品だけをハンダ付けする

新しくコピーした回路図とラインマーカーを用意します。あせらずに、まず電子部品だけのハンダ付けを行います。ブレッドボードでの配線とは異なりますので、以下に注意点を述べます。

(1) **図4.4**は、電子部品の配置例です。下の黒っぽい大きな部品は、単三乾電池用のホルダです。このホルダのリード線はひじょうに硬いもので、しかも2.54mmピッチの整数倍になっていません。多少のフォーミングが必要です。

 また、選定したものは、単三乾電池を1本だけ装着するタイプですので、基板の裏側で直列になるように、スズメッキ線による配線をしなくてはなりません。ただし、本章ではこの部分の配線について省略しています。実際に配線をするときはご注意ください。

(2) LEDには、径3mm用のLEDスペーサを取り付けます。両面スルーホール基板では、ハンダ付けすると部品面にまでハンダが流れてきます。LEDの本体は樹脂ですので、溶けたハンダが触れないように配慮するのです。LEDスペーサとしては、リチコ・ジャパン・インクのLEDS1Eなどが適当です。

(3) 電解コンデンサは、通常、基板に密着して取り付けるものですが、(2)と同様の理由で、少し基板から離してハンダ付けした方がよいでしょう。横から見て1mmぐらいのすき間ができるようにします。

参考までに、本章で新たに必要になった電子部品の仕様を調べる手段としては、法人向け販売会社のアールエスコンポーネンツ㈱のウェブサイト（http://www.rswww.co.jp/）が便利で

第4章 ユニバーサル基板で作る

す。

図 **4.4** は、部品面から見た様子です。無安定マルチバイブレータの本体は、部品同士を近い距離で配置し、その左側に電源を ON・OFF するためのトグルスイッチを置きます。

一方、ハンダ面は図 **4.5** のようになります。破線は、図記号とランドの対応を一部描いたものです。注意点を 2 つ。

まず、トランジスタや LED には極性がありますが、裏から見るときに見間違いが起きやすい箇所です。今のうちに、ランドの状態をスケッチするなどして、配線のやり直しにならないよう十分にチェックしておきましょう。

もう 1 つは、トグルスイッチのランドです。プリント基板に

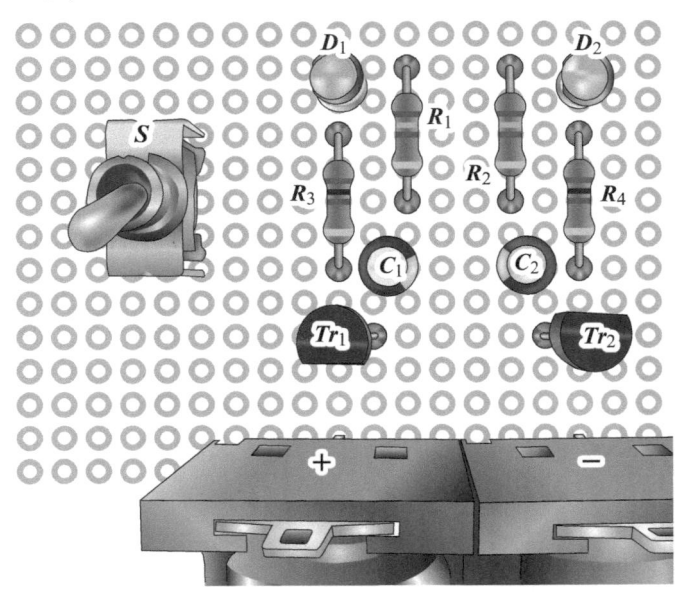

**図 4.4　電子部品だけをハンダ付けする
　　　　（部品面から見る）**

機械的強度を増すためのハンダ付け端子

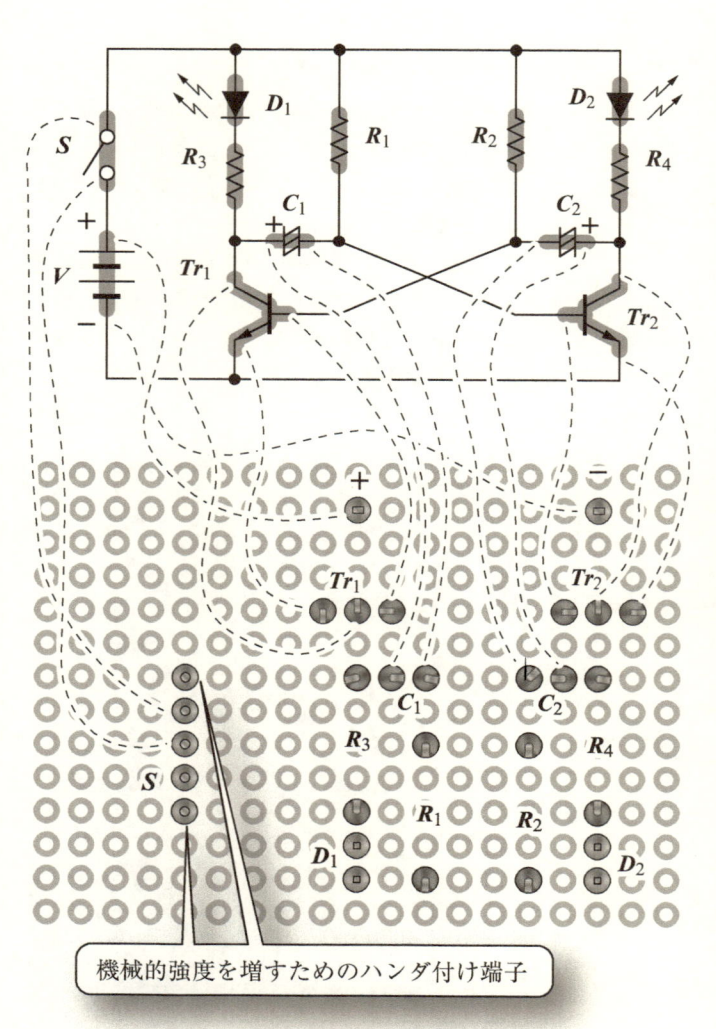

**図4.5 電子部品だけをハンダ付けする
（ハンダ面から見る）**

直接実装できるスイッチには、この図のように機械的強度を増すための端子を設けているものがあります。スイッチとしての端子とは絶縁されていますが、誤ってここにスズメッキ線をハンダ付けすることがあります。

②回路図の接続点をつなぐ

　スズメッキ線を使って、**図4.6**のように、回路図の黒丸で表される接続点をハンダ付けしていきます。スズメッキ線は、文字通り「錫」がメッキされている銅線ですが、ハンダメッキされた銅箔ほどには、たやすくハンダが流れないものです。

　面倒に思うかもしれませんが、スズメッキ線の両端も予備ハンダすることを奨めます。

　ここでの配線作業の手順は、以下のとおりです。

(1) ボビンに巻いてあるスズメッキ線の先端を数mm程度、予備ハンダします。
(2) すでにハンダ付けしてあるランドに予備ハンダしたスズメッキ線を載せ、コテでランドとスズメッキ線を加熱します。ここが始点になります。
(3) ピンセットを使って、ドーナツ形ランドのなるべく中央を通過するように経路を考えながら、スズメッキ線の形を整えます。
(4) 配線の終点に到着したら、ボビンから切り離し、予備ハンダを施した上で(2)と同様にハンダ付けします。
(5) 配線の始点と終点の途中には、回路図に表れないランドがあります。必ずしも必要ではありませんが、これらをハンダ付けすることによって、配線経路のインピーダンスを引き下げることになり、より安定性を増します（**図4.7**）。

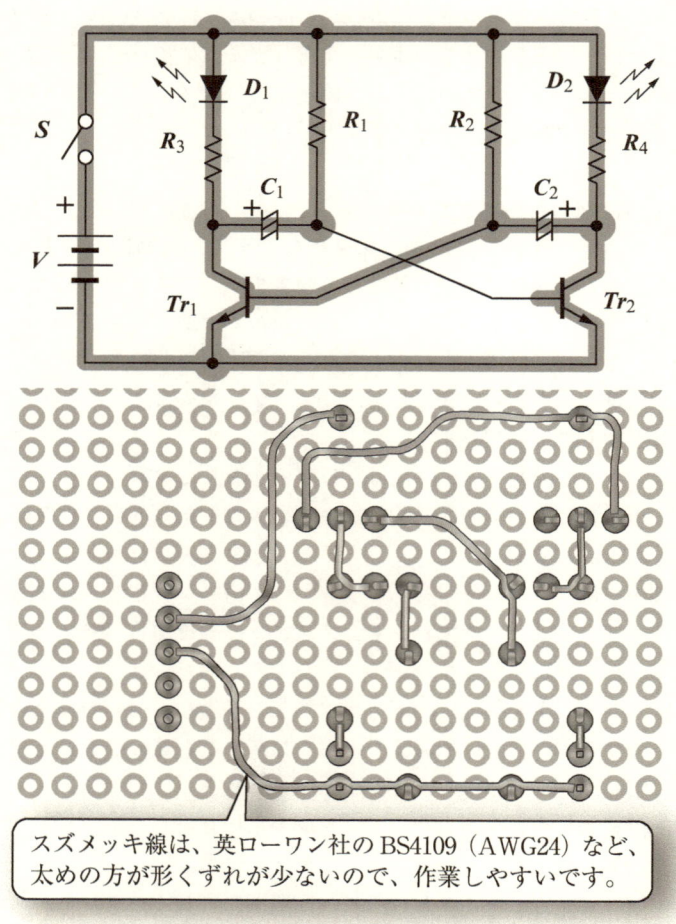

スズメッキ線は、英ローワン社の BS4109（AWG24）など、太めの方が形くずれが少ないので、作業しやすいです。

図4.6　回路図の接続点をつなぐ

第4章 ユニバーサル基板で作る

回路図に表れないランド

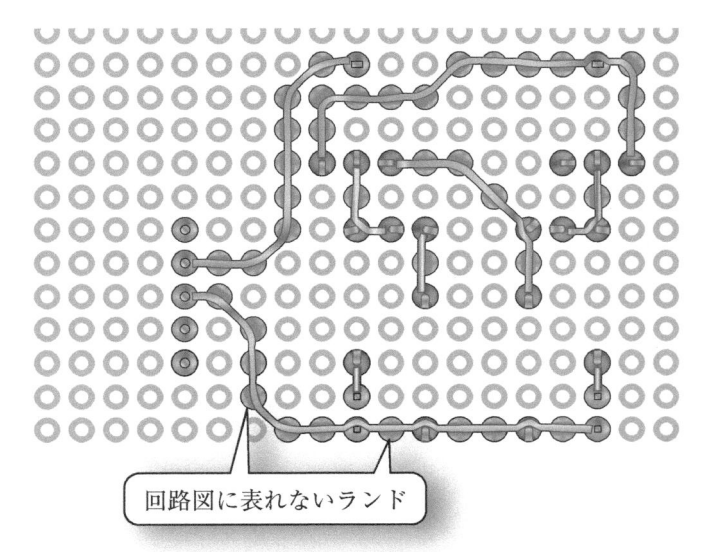

図4.7 回路図に表れないランドをハンダ付けする

③より線を追加して仕上げる（図4.8）

最後に、より線を用いて残った端子間をつなぎます。

以上の例では、スズメッキ線を主体に配線を行いました。その理由は、より線に比べて形くずれがしにくいからです。電子回路としても、プリント基板に近い状態になるため、できるかぎりスズメッキ線を多用することを奨めます。

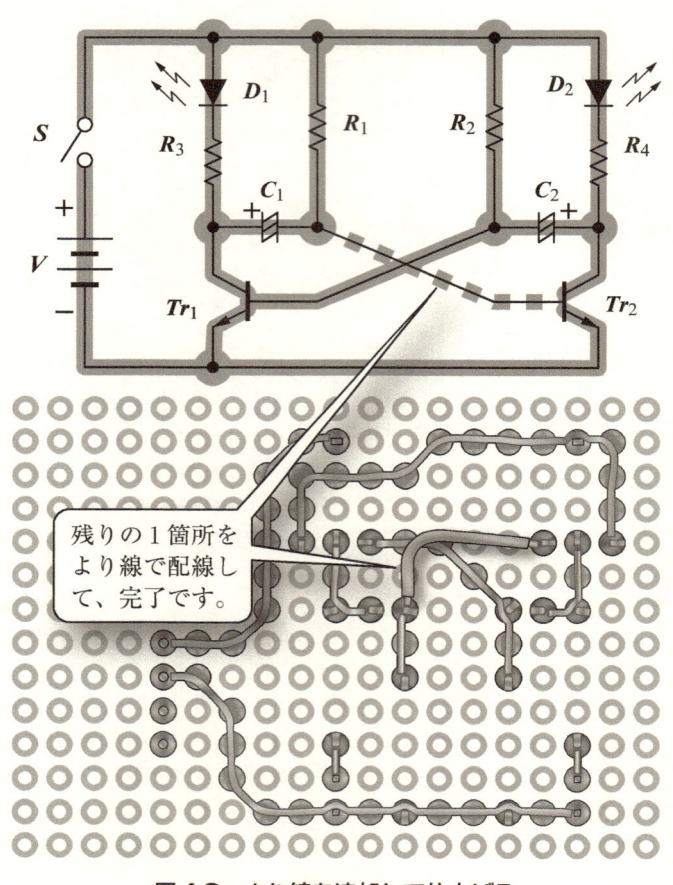

残りの1箇所をより線で配線して、完了です。

図4.8　より線を追加して仕上げる

コラム11：より線の選定

2.6節では、より線としてテフロン線を奨めました。耐熱性だけでなく電気的特性全般に優れています。

先に、「テフロンとはフッ素樹脂のこと」と述べましたが、もともと「テフロン」ということばは、米デュポン社の商品名であり、いくつかのフッ素樹脂の総称です。

この中には、「PTFE」や「FEP」という種類があります。

いずれにせよ、より線の被覆が通常のハンダ付けで簡単に溶けないのであれば、安心して試作を楽しむことができます。ただし、いくら耐熱性が高いとはいえ、その限界を把握しておく必要があります。

本書の作業に適当なテフロン線の例を2種、以下に紹介しておきます。いずれも導体はAWG28で、絶縁被膜の性能も同等です。

①米ラップ社（Lapp USA）の「UL1213」
(1)絶縁被膜材料：PTFE（ポリテトラフルオロエチレン）
(2)耐熱温度／定格電圧：200℃／600V
(3)絶縁被膜厚：0.254mm
(4)線径：0.889mm（公称値）

②太陽電線㈱の「サンレックス10516」
(1)絶縁被膜材料：FEP（テトラフルオロエチレン・ヘキサフルオロプロピレン共重合体）
(2)耐熱温度／定格電圧：200℃／600V
(3)絶縁被膜厚：0.25mm
(4)線径：0.88mm（公称値）
(5)許容電流：4A（@30℃）

これらの仕様に対して、一般的なハンダゴテの場合、コテ先温度は、最低300℃前後ありますから、連続的にテフロン電線の被膜を加熱することはできません。「焦げにくい」という程度に考え、あくまでもハンダ付けの基本手順に従って作業してください。

4.3 ICパターンのメリット・デメリット

　これから、ICパターンのユニバーサル基板を使った無安定マルチバイブレータを紹介していきます。両面スルーホールのドットパターンに対して、この片面基板には次の特徴があります。

(1) 電源ラインとグラウンドラインがあらかじめ配置されており、その形状は髪をとかす櫛を２個、向かい合わせにしたように見えます（**図4.9**）。
(2) 電子部品をハンダ付けするランドは、２個または３個があらかじめ連結されており、複数の部品をハンダ付けした時点で、それらの電気的接続が完了します。

　メリットばかりが目につきますが、実際に使ってみるとかえって面倒なこともあります。

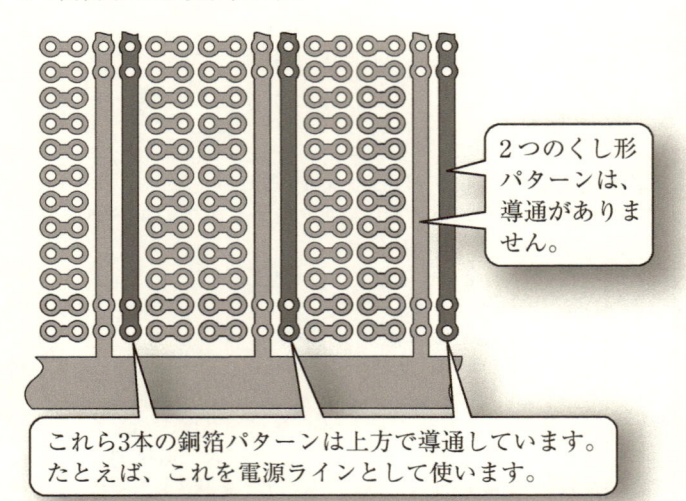

> ２つのくし形パターンは、導通がありません。

> これら3本の銅箔パターンは上方で導通しています。たとえば、これを電源ラインとして使います。

図4.9　ICパターンの特徴
（ユニバーサル基板の一部を拡大）

(1) DIPのパッケージには最適であっても、それ以外のリード線が付いた部品を取り付けるときには、電源ラインとグラウンドラインを避けなくてはなりません。直流回路にとって、これら2系統のラインは最重要ですが、配線作業から見れば単なる「障害物」です。
(2) あらかじめ2連や3連のランドがあるため、部品の取り付け位置を決めるとき、適切な場所を探すのに時間がかかります。ドットパターンのように、自由に場所取りをするわけにはいきません。

　これらの特徴を理解した上で、実装の方針を決めていきます。ドットパターンでは、スズメッキ線を使って、電子部品の端子間を接続しました。両面にランドがありますので、両側にスズメッキ線を配置するわけにはいきませんでした。
　ICパターンでは、部品面には銅箔パターンがありませんので、ここに何らかの導体を配置することができます。もともと、ハンダ面には、配線済みのランドが一定のルールで並んでいるのですから、両面を有効に使うことにしましょう。
　その方法の1つとして、今回は次の方針で進めます。
(1) より線は使いません。
(2) より線に代わるものとして、スズメッキ線を部品のように加工して、部品面に配置します。

4.4　スズメッキ線を部品化する

　4.2節で使ったスズメッキ線は、いったん折り曲げると元には戻らない太さです。**図4.10**のように、部品面からジャンパー線として実装することができます。
　第2章で基本トレーニングは終えていますが、スズメッキ線

をフォーミングするときのポイントだけ見ていきましょう。

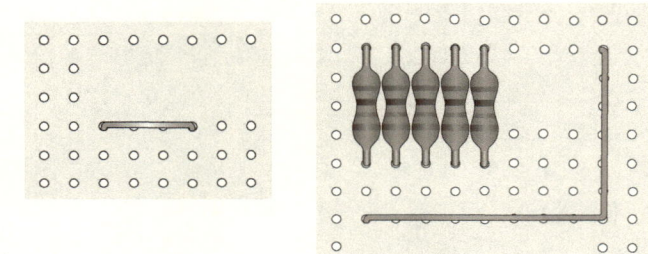

図4.10　スズメッキ線を部品化する

①必要な長さに切って片側を曲げる（図4.11）

4.2節で直接ハンダ付けしたのとは異なり、ボビンに巻いたままフォーミングすることはできません。作業性を考慮して、実際にハンダ付けするのに必要な寸法よりも数cm長めに切っておきます。

次に、カーボン抵抗器のように、片側をリード線に見立ててL字形に曲げます。

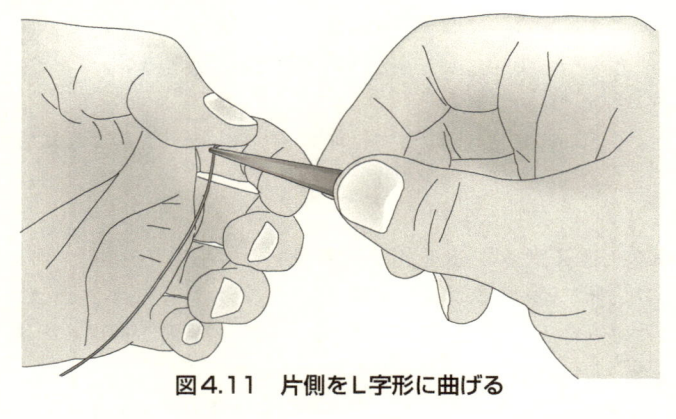

図4.11　片側をL字形に曲げる

第4章 ユニバーサル基板で作る

②折り曲げ位置を確認する（図4.12）

　曲げた部分を実際に基板に差し込み、反対側の折り曲げ位置を確認します。そして、ピンセットで曲げ位置を押さえます。

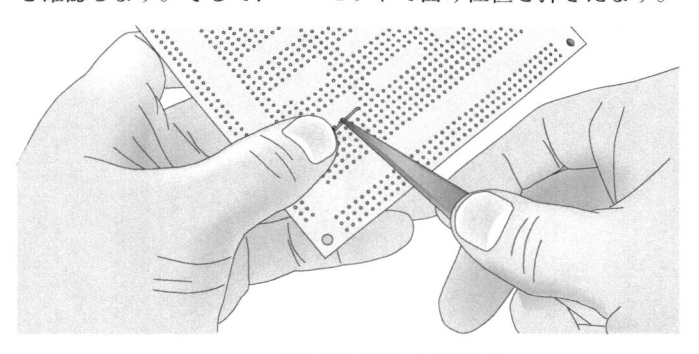

図4.12　折り曲げ位置を確認する

③反対側をL字形に曲げる（図4.13）

　右手の指はそのままで、基板を離します。改めて、左手を添えL字形に折り曲げます。

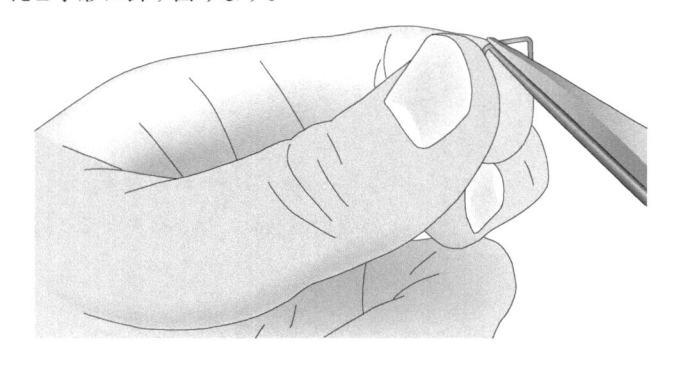

図4.13　反対側をL字形に曲げる

④電子部品に見立ててハンダ付けする（図4.14）

 カーボン抵抗器のように本体がありませんので、扱いにくいですが、コの字形にフォーミングしたものを基板に差し込み、裏側でハンダ付けを行います。

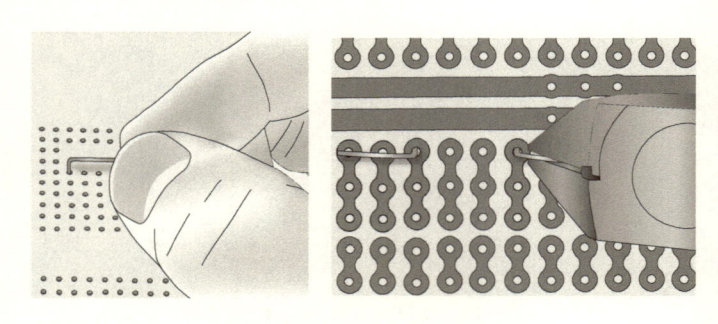

図4.14　電子部品に見立てて実装する

4.5　ICパターンのユニバーサル基板を使う

 ICパターンを使うときは、ドットパターンのように段階的に工程をきちんと分けることができません。というのも、連結されたランドを有効に使うことを念頭に置きながら、部品の配置を決める必要があるからです。

 ここでは、ドットパターンとの違いを見ていただきます。特に電源とグラウンドラインの周辺が煩雑になりますので、見やすくするため、電源スイッチをはずしています。

①スズメッキ線以外を実装する（図4.15～図4.16）

 まず、スズメッキ線を除く電子部品をすべてフォーミングしておき、いつでも抜き挿しできる状態にしておきます。ハンダ

第4章 ユニバーサル基板で作る

面のパターンと回路図を見比べながら、特徴を把握します。

部品面からは、通常、穴しか見えませんので、穴のあいていないところ、つまり電源ラインとグラウンドラインが配置されている部分を目安にして、電子部品を配置します。

連結されたランドに十分注意して、チェックを終えたら、ハンダ付けを行います。

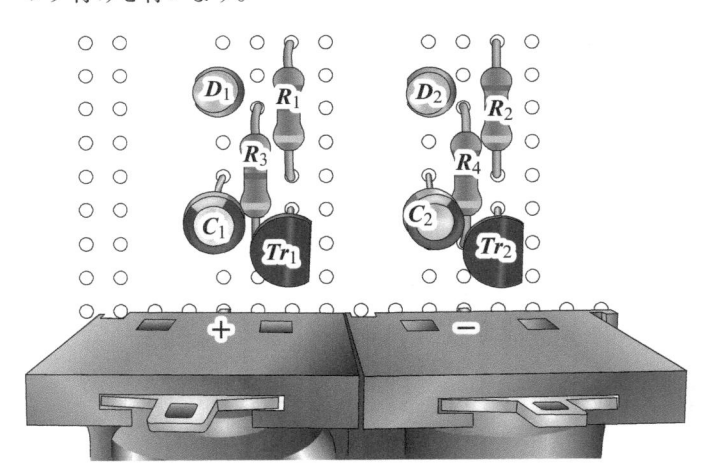

**図4.15 スズメッキ線以外を実装する
（部品面から見る）**

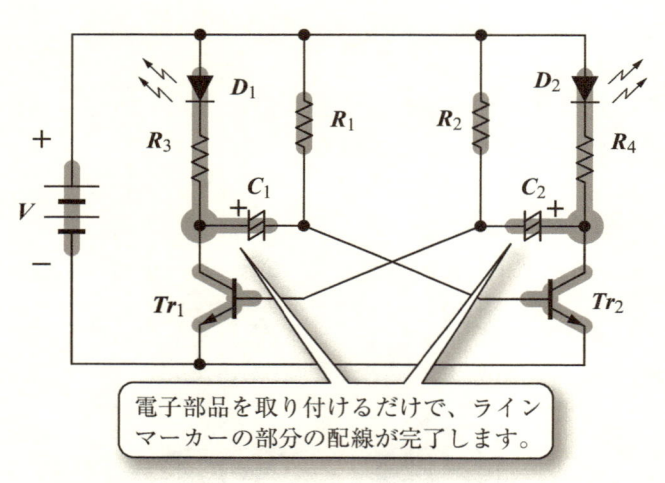

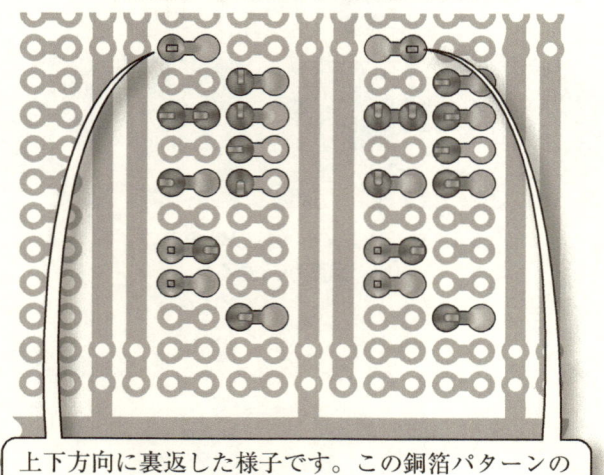

電子部品を取り付けるだけで、ラインマーカーの部分の配線が完了します。

上下方向に裏返した様子です。この銅箔パターンの図では、上方の2個が乾電池ホルダです。

図4.16 スズメッキ線以外を実装する（ハンダ面から見る）

第4章 ユニバーサル基板で作る

②スズメッキ線を追加する（図4.17～図4.18）

スズメッキ線は、部品面とハンダ面に分かれて取り付けられますが、これらの作業を分けて行ってはいけません。ハンダ面から部品面、さらに部品面からハンダ面へと連続する経路があるからです。

このような配線に慣れるまでは、面倒でも**図4.17**や**図4.18**を参考にして、スズメッキ線の経路を示す図を作成してください。

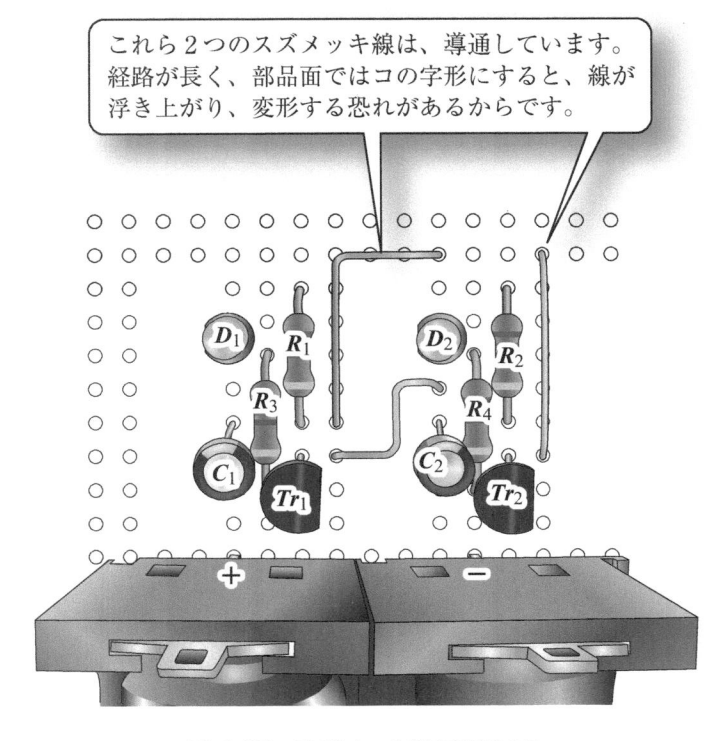

> これら2つのスズメッキ線は、導通しています。経路が長く、部品面ではコの字形にすると、線が浮き上がり、変形する恐れがあるからです。

**図4.17　スズメッキ線を追加する
（部品面から見る）**

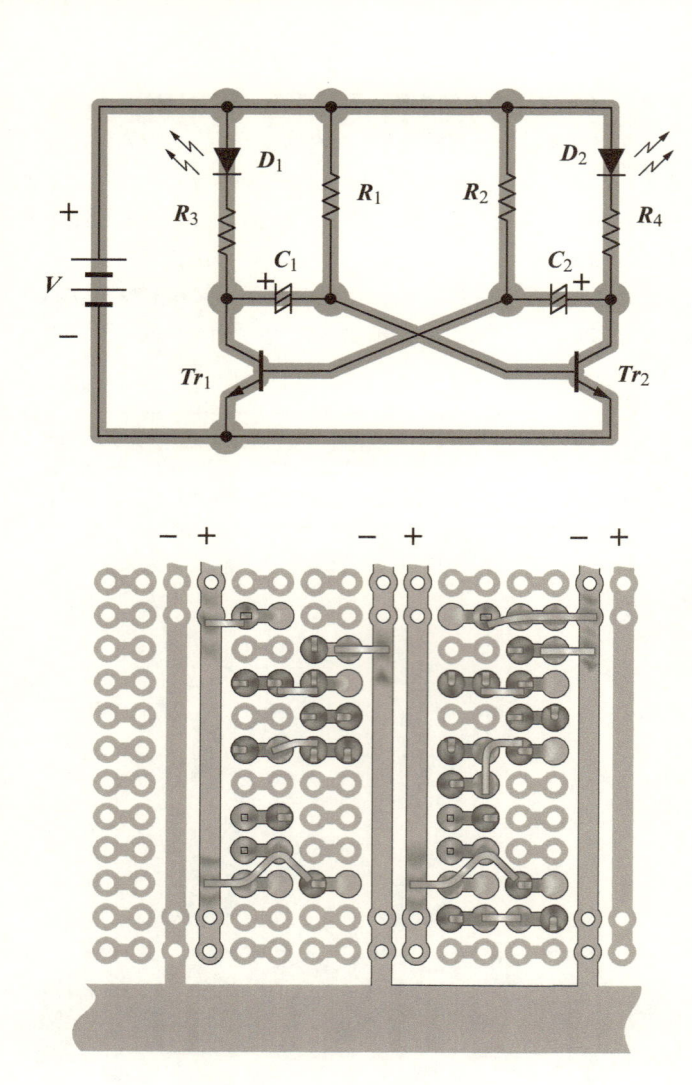

図4.18 スズメッキ線を追加する
（ハンダ面から見る）

コラム 12：ゼロからつくる楽しさ

　回路図を描くところから、ユニバーサル基板に配線するところまで見てきました。「設計」とは「1つ1つ決めること」ですが、わずか1本の抵抗器を配置することも、設計です。本書のすべてが設計であるといってよいのです。

　これまでのポイントをまとめておきます。

①仕様を決めて回路図を描く

　動作原理を理解してください。電子回路が楽しいのは、原理が理解できていて、さらに自分で仕様を決め、それが予想どおりに動くからです。

　他者が決めたものを単に組み立てるだけでは、本当の楽しさはわかりません。

②必要な工具をそろえる

　工具は適切なものを選びましょう。わずかな妥協で使いづらい作業を強いられることがあります。手に持ったときの握りやすさ、重さなどは人によって感じ方が違います。

　奨められたからといって、すぐ鵜呑みにせず、自分の手で確かめるべきです。

③基本的なトレーニングを行う

　人の手ほど高機能な道具はありません。5本の指がどれだけ有効に使われているのでしょうか？　手とその指が効果的にコントロールできないのに、道具だけそろえても良い結果は出ません。

　特に「ハンダ付け」は、継続的なトレーニングを怠ると、どんどん腕が落ちていきます。

④面倒なことを省略しない

　電子回路の組み立ては、地道な作業です。部品の仕様書の入手や電線の被覆むき、予備ハンダ、スズメッキ線の配置図作成など、省略できるものは何もありません。

　すべては、予想どおりに動いたときの喜びのためです。

おわりに

　ここでは、本書の執筆エピソードを取り上げています。

1．無安定マルチバイブレータ

　本書の執筆を始めるに当たって、最も時間を要したのが、テーマにする電子回路の選定です。

　「ゼロからつくる」ときの手の使い方を紹介し、電子回路に親しんでいただくのが主たる目的です。電子回路という学問を解説する本ではありません。

　しかも、ゼロからつくる環境には、十分な工具も高価な計測器もありません。電子回路の動きは、計測器なしに「見る」ことができないのです。

　そこで、動きを見ることのできる電子回路の中から、①電子部品のリード線に触れることができ、②部品点数が少ないものを探しました。それが、トランジスタとLEDをそれぞれ2つ用いた「無安定マルチバイブレータ」です。

　この選定には不安もありましたので、オープンキャンパスに訪れた高校生に頼んで、ブレッドボード方式のキットを製作してもらったり、電子回路とは全く無縁の方々に試作品を見てもらいました。2つのランプの点滅は、踏切などで見かける風景ですが、そのミニチュアが手のひらの上で動くことに、ほとんどの方が興味を示し、楽しんでいただけました。

2．回路は見かけによる

　「人は見かけによらない」と言いますが、電子回路の試作は

「見かけによります」

 その理由は、ほとんどの場合、ハンダ付けの「見かけ」が良いと、電子回路としての接続品質も完璧であるからです。悪い事例をたくさん学ぶよりも、良いハンダ付け1つだけを目指すことの方が、はるかに効率的であり、「やる気」を失わないトレーニング方法であると考えているのです。

 そのため本書では、ハンダ付けを終えたときの悪い事例を、懇切丁寧には取り上げていません。

3．右利きと左利き

 実は、私は左利きです。スケッチした図版の「手」は私のものですが、左右が逆なのです。多くの方が右利きであるという統計的理由で、いったん左利きで描いたものを右利きに描き直しました。

 その際に問題となったことが2つありました。まず、工具の構造です。グラフィックソフトを使えば、左右の反転は容易です。しかし、ラジオペンチやワイヤストリッパなどの刃の位置は、左右対称ではありません。どうしても、その部分だけはスケッチし直す必要がありました。

 もう1つは、右利きの方々が図版に疑問を持たないか、という点です。日常的に、私は学生に電子回路の試作を指導しています。右利きの学生と向かい合って指導しているとき、彼らにとっては、鏡を見ているのと同じ状態になりますが、これまで一度も「わかりにくい」という意見を聞いたことがありません。

 一方、本書の図版は「作業する人の目」で手を見ていることになります。念のため、私は手の奥に鏡を置いて作業したり、実際に右利きを体験してみました。これらの実験を繰り返す中

で、大きな問題がないことを確認しています。

4．イラストと写真

　最後に、本書の図版についてです。お気づきだと思いますが、写真を1枚も使っていません。たとえば、溶けたハンダの状態を写真なしに他者に説明するのは、極めて困難です。

　しかし、イラストの良いところは、必要に応じて細かい箇所の濃淡を調整できるところにあります。特に解説したい部分を拡大することも容易です。

　一方、私のイラストの腕はまだまだ未熟です。本書は試行錯誤の結果であるとご理解ください。わかりにくい部分も多々あろうかと思いますが、ご容赦いただけると幸いです。

2007年3月　著者

参考図書等

①電子機器組立の総合研究編集委員会『合格をめざす技能検定　1・2級電子機器組立の総合研究』（技術評論社、2002）
②日本工業規格
　「片面及び両面プリント配線板」（JIS C5013、1996）
　「抵抗器及びコンデンサの表示記号」（JIS C5062、1997）
③井上誠一氏ウェブサイト
　http://www.hobby-elec.org/

※以下は、本書で掲載した製品の製造元や販売会社の社名とウェブ・アドレスです。（掲載順）
　　　ローム株式会社（http://www.rohm.co.jp/）
　　　東芝セミコンダクター社
　　　　　　　（http://www.semicon.toshiba.co.jp/）
　　　コーア株式会社（http://www.koanet.co.jp/）
　　　ニチコン株式会社（http://www.nichicon.co.jp/）
　　　株式会社　秋月電子通商（http://akizukidenshi.com/）
　　　サンハヤト株式会社（http://www.sunhayato.co.jp/）
　　　ホーザン株式会社（http://www.hozan.co.jp/）
　　　白光株式会社（http://www.hakko.com/）
　　　株式会社　ミツトヨ（http://www.mitutoyo.co.jp/）
　　　株式会社　ミスミ（http://www.misumi.co.jp/corp）
　　　英ケーブルズ社（http://www.cablesbritain.com/）
　　　株式会社　廣杉計器（http://www.hirosugi.co.jp/）
　　　バルジン社（イギリス）（http://www.bulgin.co.uk/）

株式会社　フジソク（http://www.fujisoku.co.jp/）
日本開閉器工業株式会社（http://www.nikkai.co.jp/）
リチコ・ジャパン・インク
　　　　　（http://richco.co.jp/home.htm）
アールエスコンポーネンツ株式会社
　　　　　（http://www.rswww.co.jp/）
英ローワン社（http://www.rowancable.co.uk/）
米ラップ社（http://www.lappusa.com/）
太陽電線株式会社（http://www.taiyocable.co.jp/）

規格電線については、同一仕様の製品を複数の企業が生産しています。上記に含まれる電線メーカは、その一例です。

さくいん

【数字・アルファベット】

0点合わせ	147
1芯絶縁電線	79
AWG	82
CM形	139
DIP	58, 123, 193
ICパターン	58
ICピッチ	123
M形	139
Pbフリーハンダ	93
PVC	81
SMD	30
THD	29

【あ行】

アンビル	147
イモハンダ	134
裏表貫通穴	30
エミッタ・ベース間電圧	38

【か行】

外径測定用	145
外側測定用ジョウ	139
外側マイクロメータ	145
外部入出力端子エリア	158
かぎスパナ	148
片面基板	58
乾電池	28
基材	58
グラウンド	13
グラウンドライン	109, 165
黒丸	12
硬ろう	88
コテ法	89
コレクタ・エミッタ間飽和電圧	20, 28

【さ行】

残渣	100
参照名	15
ジャンパー線	155
順方向電圧	28, 31
順方向電流	34
白丸	13
シンブル	149
図記号	12
スズメッキ線	187
スピンドル	147
スペーサ	180
スリーブ	149
スルーホール	30
静電容量	49
静電容量許容差	49
接触角	89

さくいん

絶対最大定格	34
セラミック基板	57
線	12
挿入実装部品（THD）	29
ソルダレジスト形成	57

【た行】

段差・深さ測定用	145
端子表面材質	46
単線	79
チップ	96
チップ部品	29
着色拡散	31
直流電源	27
直流電流増幅率	39
抵抗値許容差	45
ディスクリート部品	18
ディップ法	89
デプスバー	139
デプスマイクロメータ	145
電源	13
電源ライン	109, 165
止まり	75

【な行】

内径測定用	145
内側測定用クチバシ	139
内側マイクロメータ	145
内側用ジョウ	139
鉛フリーハンダ	93
軟ろう	88
二次加工	46

熱可塑性樹脂	80

【は行】

バイパスコンデンサ	124
パスコン	124
バーニア	140
ハンダ	88
ハンダ付け	88
ハンダメッキ	130
ピーク順方向電流	34
ビニル電線	80
微分回路	21
表面実装部品（SMD）	29
ピン構成	30
フォーミング	30, 62, 165
副尺	144
副尺目盛り	144
部品搭載エリア	158
フラックス	90, 92
プリント回路基板	57
プリント基板	57
プリント配線板	57
フレキシブル基板	57
ブレッドボード	30, 56, 152
ベース・エミッタ間飽和電圧	20
ベース電圧	21
包装	46
本尺	144

【ま行】

曲げ加工	62
松ヤニ	92

ミリメータ・ワイヤ・ゲージ 82
無安定マルチバイブレータ 12

【や行】

ユニバーサル基板 30, 57, 109, 179
予備ハンダ 129
より線 79

【ら行】

ランド 58, 103
リジット基板 57
リード線 30, 155
リード部品 29
リフローハンダ付け 30
リフロー法 89
両面基板 58
両面スルーホール 58, 103
両面スルーホール基板 61
レジン 92
ろう 88
ろう接 88
ローレット 71

N.D.C.549　210p　18cm

ブルーバックス　B-1553

図解 つくる電子回路
正しい工具の使い方、うまく作るコツ

2007年5月20日　第1刷発行
2023年12月8日　第9刷発行

著者	加藤ただし	
発行者	髙橋明男	
発行所	株式会社講談社	
	〒112-8001 東京都文京区音羽2-12-21	
電話	出版	03-5395-3524
	販売	03-5395-4415
	業務	03-5395-3615
印刷所	(本文表紙印刷) 株式会社KPSプロダクツ	
	(カバー印刷) 信毎書籍印刷株式会社	
本文データ制作	講談社デジタル製作	
製本所	株式会社KPSプロダクツ	

定価はカバーに表示してあります。
©加藤ただし　2007, Printed in Japan
落丁本・乱丁本は購入書店名を明記のうえ、小社業務宛にお送りください。送料小社負担にてお取替えします。なお、この本についてのお問い合わせは、ブルーバックス宛にお願いいたします。
本書のコピー、スキャン、デジタル化等の無断複製は著作権法上での例外を除き禁じられています。本書を代行業者等の第三者に依頼してスキャンやデジタル化することはたとえ個人や家庭内の利用でも著作権法違反です。
R〈日本複製権センター委託出版物〉複写を希望される場合は、日本複製権センター（電話03-6809-1281）にご連絡ください。

ISBN978-4-06-257553-9

発刊のことば　科学をあなたのポケットに

二十世紀最大の特色は、それが科学時代であるということです。科学は日に日に進歩を続け、止まるところを知りません。ひと昔前の夢物語もどんどん現実化しており、今やわれわれの生活のすべてが、科学によってゆり動かされているといっても過言ではないでしょう。

そのような背景を考えれば、学者や学生はもちろん、産業人も、セールスマンも、ジャーナリストも、家庭の主婦も、みんなが科学を知らなければ、時代の流れに逆らうことになるでしょう。

ブルーバックス発刊の意義と必然性はそこにあります。このシリーズは、読む人に科学的に物を考える習慣と、科学的に物を見る目を養っていただくことを最大の目標にしています。そのためには、単に原理や法則の解説に終始するのではなくて、政治や経済など、社会科学や人文科学にも関連させて、広い視野から問題を追究していきます。科学はむずかしいという先入観を改める表現と構成、それも類書にないブルーバックスの特色であると信じます。

一九六三年九月

野間省一

ブルーバックス　コンピュータ関係書

1084	図解　わかる電子回路	加藤 肇
1769	入門者のExcel VBA	高橋尚久志
1783	知識ゼロからのExcelビジネスデータ分析入門	見城尚志
1791	卒論執筆のためのWord活用術	住中光夫
1802	実例で学ぶExcel VBA	立山秀利
1825	メールはなぜ届くのか	田中幸夫
1850	入門者のJavaScript	立山秀利
1881	プログラミング20言語習得法	草野真一
1926	SNSって面白いの？	小林健一郎
1950	実例で学ぶRaspberry Pi電子工作	草野真一
1962	入門者のLinux	金丸隆志
1989	カラー図解 Excel「超」効率化マニュアル	立山秀利
1999	カラー図解 Javaで始めるプログラミング	奈佐原顕郎
2001	人工知能はいかにして強くなるのか？	小野田博一
2012	カラー図解 サイバー攻撃	高橋麻奈
2045	統計ソフト「R」超入門	中島明日香
2049	カラー図解 Raspberry Piではじめる機械学習	逸見 功
2052	入門者のPython	金丸隆志
2072	ブロックチェーン	立山秀利
2083	Web学習アプリ対応　C語入門	岡嶋裕史
2086		板谷雄二
2133	高校数学からはじめるディープラーニング	金丸隆志
2136	生命はデジタルでできている	田口善弘
2142	ラズパイ4対応　カラー図解 最新Raspberry Piで学ぶ電子工作	金丸隆志
2145	LaTeX超入門	水谷正大

ブルーバックス　趣味・実用関係書 (I)

- 35 計画の科学 … 加藤昭吉
- 733 紙ヒコーキで知る飛行の原理 … 小林昭夫
- 921 自分がわかる心理テスト … 芦原　睦/桂　戴作″監修
- 1063 自分がわかる心理テストPART2 … 芦原　睦″監修
- 1073 頭を鍛えるディベート入門 … 安富和男
- 1084 子どもにウケる科学手品77 … 後藤道夫
- 1112 へんな虫はすごい虫 … 加藤　肇/見城尚志/高橋久
- 1234 図解 わかる電子回路 … 松本　茂
- 1245 理系志望のための高校生活ガイド … 後藤道夫
- 1273 理系の女の生き方ガイド … 宇野賀津子/坂東昌子
- 1284 もっと子どもにウケる科学手品77 … 後藤道夫
- 1307 「分かりやすい表現」の技術 … 藤沢晃治
- 1346 図解 ヘリコプター … 鈴木英夫
- 1352 確率・統計であばくギャンブルのからくり … 谷岡一郎
- 1353 算数パズル「出しっこ問題」傑作選 … 仲田紀夫
- 1364 理系のための英語論文執筆ガイド … 原田豊太郎
- 1366 数学版 これを英語で言えますか？ … E・ネルソン/保江邦夫監修
- 1368 論理パズル「出しっこ問題」傑作選 … 小野田博一
- 1387 「分かりやすい説明」の技術 … 藤沢晃治
- 1396 制御工学の考え方 … 木村英紀
- 1413 『ネイチャー』を英語で読みこなす … 竹内　薫
- 1420 理系のための英語便利帳 … 倉島保美/榎本智子/黒木　博″絵
- 1443 「分かりやすい文章」の技術 … 藤沢晃治
- 1478 「分かりやすい話し方」の技術 … 吉田たかよし
- 1493 計算力を強くする … 鍵本　聡
- 1516 図解 鉄道の科学 … 宮本昌幸
- 1520 競走馬の科学 … JRA競走馬総合研究所″編
- 1552 計算力を強くするpart2 … 鍵本　聡
- 1553 「計算力」を強くする 完全ドリル … 鍵本　聡
- 1573 理系のための人生設計ガイド … 坪田一男
- 1596 手作りラジオ工作入門 … 藤沢晃治
- 1623 図解 つくる電子回路 … 西田和明
- 1629 「分かりやすい教え方」の技術 … 加藤ただし
- 1630 伝承農法を活かす家庭菜園の科学 … 木嶋利男
- 1653 計算力を強くする … 鍵本　聡
- 1660 理系のための英語「キー構文」46 … 原田豊太郎
- 1666 図解 電車のメカニズム … 宮本昌幸″編著
- 1671 理系のための「即効！」卒業論文術 … 中田　亨
- 1676 理系のための研究生活ガイド 第2版 … 坪田一男
- 1688 図解 橋の科学 … 土木学会関西支部″編/田中輝彦/渡邊英一他
- 1695 武術「奥義」の科学 … 吉福康郎
- ジムに通う前に読む本 … 桜井静香

ブルーバックス　趣味・実用関係書（Ⅱ）

番号	タイトル	著者
1696	ジェット・エンジンの仕組み	吉中　司
1707	「交渉力」を強くする	藤沢晃治
1725	魚の行動習性を利用する釣り入門	川村軍蔵
1773	「判断力」を強くする	藤沢晃治
1783	知識ゼロからのExcelビジネスデータ分析入門	住中光夫
1791	卒論執筆のためのWord活用術	田中幸夫
1793	論理が伝わる 世界標準の「書く技術」	倉島保美
1796	「魅せる声」のつくり方	篠原さなえ
1813	研究発表のためのスライドデザイン	宮野公樹
1817	東京鉄道遺産	小野田　滋
1847	論理が伝わる 世界標準の「プレゼン術」	倉島保美
1864	科学検定公式問題集　5・6級	桑子／小村上道夫／岸本充生野恭子 研／竹内　薫／監修
1868	山に登る前に読む本	能勢　博
1877	「ネイティブ発音」科学的上達法	藤田佳信
1882	「育つ土」を作る家庭菜園の科学	木嶋利男
1895	科学検定公式問題集　3・4級	桑子／研／竹内　薫／監修竹内淳一郎
1900	基準値のからくり	村上道夫／永井孝志／小野恭子／岸本充生
1910	論理が伝わる 世界標準の「議論の技術」	倉島保美
1914	研究を深める5つの問い	宮野公樹
1915	論理が伝わる 理系のための英語最重要「キー動詞」43	原田豊太郎
1919	「説得力」を強くする	藤沢晃治
1926	SNSって面白いの？	草野真一
1934	世界で生きぬく理系のための英文メール術	吉形一樹
1938	門田先生の3Dプリンタ入門	門田和雄
1947	50ヵ国語習得法	新名美次
1948	すごい家電	西田宗千佳
1951	研究者としてうまくやっていくには	長谷川修司
1958	理系のための法律入門　第2版	井野邊　陽
1959	図解　燃料電池自動車のメカニズム	川辺謙一
1965	理系のための論理が伝わる文章術	成清弘和
1966	サッカー上達の科学	村松尚登
1967	世の中の真実がわかる「確率」入門	小林道正
1976	不妊治療を考えたら読む本	浅田義正／河合蘭
1987	怖いくらい通じるカタカナ英語の法則　ネット対応版	池谷裕二
1999	カラー図解　Excel「超」効率化マニュアル	立山秀利
2005	ランニングをする前に読む本	田中宏暁
2020	「香り」の科学	平山令明
2038	城の科学	萩原さちこ
2042	日本人のための声がよくなる「舌力」のつくり方	篠原さなえ
2055	理系のための「実戦英語力」習得法	志村史夫
2056	新しい1キログラムの測り方	臼田　孝
2060	音律と音階の科学　新装版	小方　厚

ブルーバックス　趣味・実用関係書（Ⅲ）

- 2064 心理学者が教える　読ませる技術　聞かせる技術　海保博之
- 2089 世界標準のスイングが身につく科学的ゴルフ上達法　板橋繁
- 2111 作曲の科学　フランソワ・デュボワ=監修　井上喜惟=監修　木村彩=訳
- 2113 子どもにウケる科学手品 ベスト版　後藤道夫
- 2118 偏微分編　斎藤恭一
- 2120 道具としての微分方程式　能勢博
- 2131 世界標準のスイングが身につく科学的ゴルフ上達法 実践編　板橋繁
- 2135 アスリートの科学　久木留毅
- 2138 理系の文章術　更科功
- 2149 日本史サイエンス　播田安弘
- 2151 「意思決定」の科学　川越敏司
- 2158 科学とはなにか　佐倉統
- 2170 理系女性の人生設計ガイド　大隅典子　大島まり　山本佳世子

BC07 ChemSketchで書く簡単化学レポート　平山令明

ブルーバックス12cm CD-ROM付

ブルーバックス　数学関係書 (I)

番号	タイトル	著者
116	推計学のすすめ	佐藤 信
120	統計でウソをつく法	ダレル・ハフ／高木秀玄=訳
177	ゼロから無限へ	C・レイド／芹沢正三=訳
325	現代数学小事典	寺阪英孝=編
722	解ければ天才！ 算数100の難問・奇問	中村義作
833	虚数iの不思議	堀場芳数
862	対数eの不思議	堀場芳数
926	原因をさぐる統計学	豊田秀樹
1003	マンガ 微積分入門	岡部恒治／柳井晴夫=原作、藤岡文世=絵
1013	違いを見ぬく統計学	豊田秀樹
1037	道具としての微分方程式	吉田 剛=絵／斎藤恭一
1201	自然にひそむ数学	佐藤修一
1243	高校数学とっておき勉強法	鍵本 聡
1312	マンガ おはなし数学史 新装版	仲田紀夫=原作／佐々木ケン=漫画
1332	集合とはなにか	竹内外史
1352	確率・統計であばくギャンブルのからくり	谷岡一郎
1353	算数パズル「出しっこ問題」傑作選	仲田紀夫
1366	数学版 これを英語で言えますか？	保江邦夫=監修、E・ネルソン=監修
1383	高校数学でわかるマクスウェル方程式	竹内 淳
1386	素数入門	芹沢正三
1407	入試数学 伝説の良問100	安田 亨
1419	パズルでひらめく 補助線の幾何学	中村義作
1429	数学21世紀の7大難問	中村 亨
1433	大人のための算数練習帳	佐藤恒雄
1453	大人のための算数練習帳 図形問題編	佐藤恒雄
1479	なるほど高校数学 三角関数の物語	原岡喜重
1490	暗号の数理 改訂新版	一松 信
1493	計算力を強くする	鍵本 聡
1536	計算力を強くする part2	鍵本 聡
1547	広中杯 ハイレベル 算数オリンピック委員会=監修、青木亮二=解説	
1557	中学数学に挑戦	田栗正章／C・R・ラオ／柳井晴夫／藤越康祝
1595	やさしい統計入門	
1598	数論入門	芹沢正三
1606	なるほど高校数学 ベクトルの物語	原岡喜重
1619	関数とはなんだろう	山根英司
1620	離散数学「数え上げ理論」	野﨑昭弘
1629	高校数学を強くする 完全ドリル	竹内 淳
1657	計算力を強くする ボルツマンの原理	竹内 淳
1677	高校数学でわかるフーリエ変換	鍵本 聡
1678	新体系 高校数学の教科書（上）	芳沢光雄
1684	新体系 高校数学の教科書（下）	芳沢光雄
	ガロアの群論	中村 亨

ブルーバックス　数学関係書（Ⅱ）

番号	タイトル	著者
1828	高校数学でわかる線形代数	竹内　淳
1823	ウソを見破る統計学	神永正博
1822	物理数学の直観的方法（普及版）	長沼伸一郎
1819	マンガで読む　計算力を強くする	がそんみほ=マンガ 銀杏社=構成
1818	大学入試問題で語る数論の世界	清水健一
1810	高校数学でわかる統計学	竹内　淳
1808	新体系　中学数学の教科書（上）	芳沢光雄
1795	新体系　中学数学の教科書（下）	芳沢光雄
1788	連分数のふしぎ	木村俊一
1786	はじめてのゲーム理論	川越敏司
1784	確率・統計でわかる「金融リスク」のからくり	吉本佳生
1782	「超」入門　微分積分	神永正博
1770	複素数とはなにか	示野信一
1765	シャノンの情報理論入門	高岡詠子
1764	算数オリンピックに挑戦　'08～'12年度版	算数オリンピック委員会=編
1757	不完全性定理とはなにか	竹内　薫
1743	オイラーの公式がわかる	原岡喜重
1740	世界は2乗でできている	小島寛之
1738	マンガ　線形代数入門	鍵本　聡=原作 北垣絵美=漫画
1724	三角形の七不思議	細矢治夫
1704	リーマン予想とはなにか	中村　亨
1833	超絶難問論理パズル	小野田博一
1841	難関入試　算数速攻術	中川　塾 松島りつこ=画
1851	チューリングの計算理論入門	高岡詠子
1880	非ユークリッド幾何の世界　新装版	寺阪英孝
1888	直感を裏切る数学	神永正博
1890	ようこそ「多変量解析」クラブへ	小野博一
1893	逆問題の考え方	上村　豊
1897	算法勝負！「江戸の数学」に挑戦	山根誠司
1906	ロジックの世界	ダン・クライアン/シャロン・メイブリン=絵 田中一之=訳
1907	素数が奏でる物語	西来路文朗／清水健一
1917	群論入門	芳沢光雄
1921	数学ロングトレイル「大学への数学」ベクトル編	山下光雄
1927	数学ロングトレイル「大学への数学」に挑戦	小島寛之
1933	確率を攻略する	野﨑昭弘
1941	「P≠NP」問題	野崎昭弘
1942	数学ロングトレイル「大学への数学」に挑戦　関数編	山下光雄
1961	「大学への数学」に挑戦　関数編	山下光雄
1967	曲線の秘密	松下泰雄
	世の中の真実がわかる「確率」入門	小林道正

ブルーバックス　数学関係書（III）

番号	タイトル	著者
1968	脳・心・人工知能	甘利俊一
1969	四色問題	一松 信
1984	経済数学の直観的方法 マクロ経済学編	長沼伸一郎
1985	経済数学の直観的方法 確率・統計編	長沼伸一郎
1998	結果から原因を推理する「超」入門ベイズ統計	石村貞夫
2001	人工知能はいかにして強くなるのか？	小野田博一
2003	曲がった空間の幾何学	宮岡礼子
2023	素数はめぐる	西来路文朗
2033	ひらめきを生む「算数」思考術	安藤久雄
2035	現代暗号入門	神永正博
2036	美しすぎる「数」の世界	清水健一
2043	理系のための微分・積分復習帳	竹内 淳
2046	方程式のガロア群	金 重明
2059	離散数学「ものを分ける理論」	徳田雄洋
2065	学問の発見	広中平祐
2069	今日から使える微分方程式 普及版	飽本一裕
2079	はじめての解析学	原岡喜重
2081	今日から使える物理数学 普及版	岸野正剛
2085	今日から使える統計解析 普及版	大村 平
2092	いやでも数学が面白くなる	志村史夫
2093	今日から使えるフーリエ変換 普及版	三谷政昭
2098	高校数学でわかる複素関数	竹内 淳
2104	トポロジー入門	都築卓司
2107	数学にとって証明とはなにか	瀬山士郎
2110	高次元空間を見る方法	小笠英志
2114	数の概念	高木貞治
2118	道具としての微分方程式 偏微分編	斎藤恭一
2121	離散数学入門	芳沢光雄
2126	数の世界	松岡 学
2137	有限の中の無限	西来路文朗／清水健一
2141	今日から使える微積分 普及版	大村 平
2147	円周率πの世界	柳谷 晃
2153	多角形と多面体	日比孝之
2160	多様体とは何か	小笠英志
2161	なっとくする数学記号	黒木哲徳
2167	三体問題	浅田秀樹
2168	大学入試数学 不朽の名問100	鈴木貫太郎
2171	四角形の七不思議	細矢治夫
2178	数式図鑑	横山明日希
2179	数学とはどんな学問か？	津田一郎
2182	マンガ 一晩でわかる中学数学	端野洋子
2188	世界は「e」でできている	金 重明

ブルーバックス　数学関係書 (IV)

2195 **統計学が見つけた野球の真理**

鳥越規央

ブルーバックス　物理学関係書 (I)

番号	タイトル	著者
79	相対性理論の世界	J・A・コールマン／中村誠太郎 訳
563	電磁波とはなにか	後藤尚久
584	10歳からの相対性理論	都筑卓司
733	紙ヒコーキで知る飛行の原理	小林昭夫
911	電気とはなにか	室岡義広
1012	量子力学が語る世界像	和田純夫
1084	図解 わかる電子回路	見城尚志／高橋久
1128	原子爆弾	山田克哉
1150	音のなんでも小事典	日本音響学会 編
1174	消えた反物質	小林誠
1205	量子力学 第2版	南部陽一郎
1251	心は量子で語れるか	ロジャー・ペンローズ／N.カートライト／A.シモニ／S.ホーキング／中村和幸 訳
1259	光と電気のからくり	山田克哉
1310	「場」とはなんだろう	竹内薫
1380	四次元の世界〈新装版〉	都筑卓司
1383	高校数学でわかるマクスウェル方程式	竹内淳
1384	マクスウェルの悪魔〈新装版〉	都筑卓司
1385	不確定性原理〈新装版〉	都筑卓司
1390	熱とはなんだろう	竹内薫
1391	ミトコンドリア・ミステリー	林純一
1394	ニュートリノ天体物理学入門	小柴昌俊
1415	量子力学のからくり	山田克哉
1444	超ひも理論とはなにか	竹内薫
1452	流れのふしぎ	石綿良三／根本光正 著／日本機械学会 編
1469	量子コンピュータ	竹内繁樹
1470	高校数学でわかるシュレディンガー方程式	竹内淳
1483	新しい物性物理	伊達宗行
1487	ホーキング 虚時間の宇宙	竹内薫
1509	新しい高校物理の教科書	山本明利／左巻健男 編著
1569	電磁気学のABC〈新装版〉	福島肇
1583	熱力学で理解する化学反応のしくみ	平山令明
1591	発展コラム式 中学理科の教科書 第1分野（物理・化学）	滝川洋二 編
1605	マンガ 物理に強くなる	関口知彦 原作／鈴木みそ 漫画
1620	高校数学でわかるボルツマンの原理	竹内淳
1638	プリンキピアを読む	和田純夫
1642	新・物理学事典	大槻義彦／大場一郎 編
1648	量子テレポーテーション	古澤明
1657	高校数学でわかるフーリエ変換	竹内淳
1675	量子重力理論とはなにか	竹内薫
1697	インフレーション宇宙論	佐藤勝彦

ブルーバックス　物理学関係書（II）

番号	タイトル	著者
1701	光と色彩の科学	齋藤勝裕
1715	量子もつれとは何か	古澤明
1716	「余剰次元」と逆二乗則の破れ	村田次郎
1720	傑作！　物理パズル50	ポール・G・ヒューイット=作／松森靖夫=編訳
1728	ゼロからわかるブラックホール	大須賀健
1731	宇宙は本当にひとつなのか	村山斉
1738	物理数学の直観的方法〈普及版〉	長沼伸一郎
1776	現代素粒子物語	中嶋彰／KEK（高エネルギー加速器研究機構）=協力
1780	オリンピックに勝つ物理学	望月修
1799	宇宙になぜ我々が存在するのか	村山斉
1803	高校数学でわかる相対性理論	竹内淳
1815	大人のための高校物理復習帳	桑子研
1827	大栗先生の超弦理論入門	大栗博司
1836	真空のからくり	山田克哉
1860	発展コラム式　中学理科の教科書　改訂版　物理・化学編	滝川洋二=編
1867	高校数学でわかる流体力学	竹内淳
1871	アンテナの仕組み	小暮裕明／小暮芳江
1894	エントロピーをめぐる冒険	鈴木炎
1905	あっと驚く科学の数字　数から科学を読む研究会	
1912	マンガ　おはなし物理学史	小山慶太=原作／佐々木ケン=漫画
1924	謎解き・津波と波浪の物理	保坂直紀
1930	光と重力　ニュートンとアインシュタインが考えたこと	小山慶太
1932	天野先生の「青色LEDの世界」	天野浩／福田大展
1937	輪廻する宇宙	横山順一
1940	すごいぞ！　身のまわりの表面科学	日本表面科学会
1960	超対称性理論とは何か	小林富雄
1961	曲線の秘密	松下泰雄
1970	高校数学でわかる光とレンズ	竹内淳
1981	宇宙は「もつれ」でできている	ルイーザ・ギルダー／山田克哉=監訳／窪田恭子=訳
1982	光と電磁気　ファラデーとマクスウェルが考えたこと	小山慶太
1983	重力波とはなにか	安東正樹
1986	ひとりで学べる電磁気学	中山正敏
2019	時空のからくり	山田克哉
2027	重力波で見える宇宙のはじまり	ピエール・ビネトリュイ／安東正樹=監訳／岡田好恵=訳
2031	時間とはなんだろう	松浦壮
2032	佐藤文隆先生の量子論	佐藤文隆
2040	ペンローズのねじれた四次元　増補新版	竹内薫
2048	$E=mc^2$のからくり	山田克哉
2056	新しい1キログラムの測り方	臼田孝

ブルーバックス　技術・工学関係書(I)

495	人間工学からの発想	小原二郎
911	電気とはなにか	室岡義広
1084	図解 わかる電子回路	見城尚志／高橋久
1128	原子爆弾	山田克哉
1236	図解 飛行機のメカニズム	柳生一
1346	図解 ヘリコプター	鈴木英夫
1396	制御工学の考え方	木村英紀
1452	流れのふしぎ	竹内繁樹
1469	量子コンピュータ	伊達宗行
1483	新しい物性物理	宮本昌幸
1520	図解 鉄道の科学	竹内淳
1545	高校数学でわかる半導体の原理	加藤ただし
1553	図解 つくる電子回路	西田和明
1573	手作りラジオ工作入門	井上一他
1624	コンクリートなんでも小事典	土木学会関西支部／編
1660	図解 電車のメカニズム	宮本昌幸＝編著
1676	図解 橋の科学	土木学会関西支部／編　田中輝彦／渡邊英一 他
1696	図解 ジェット・エンジンの仕組み	吉中司
1717	図解 地下鉄の科学	川辺謙一
1797	古代日本の超技術 改訂新版	志村史夫
1817	東京鉄道遺産	小野田滋
1845	古代世界の超技術	志村史夫
1866	暗号が通貨になる「ビットコイン」のからくり	吉本佳生／西田宗千佳
1871	アンテナの仕組み	小暮裕明／小暮芳江
1879	火薬のはなし	松永猛裕
1887	小惑星探査機「はやぶさ2」の大挑戦	山根一眞
1909	飛行機事故はなぜなくならないのか	青木謙知
1938	門田先生の3Dプリンタ入門	門田和雄
1940	すごいぞ! 身のまわりの表面科学	日本表面科学会
1948	すごい家電	西田宗千佳
1950	実例で学ぶRaspberry Pi電子工作	金丸隆志
1959	図解 燃料電池自動車のメカニズム	川辺謙一
1963	交流のしくみ	森本雅之
1968	脳・心・人工知能	甘利俊一
1970	高校数学でわかる光とレンズ	竹内淳
2001	人工知能はいかにして強くなるのか?	小野田博一
2017	人はどのように鉄を作ってきたか	永田和宏
2035	現代暗号入門	神永正博
2038	城の科学	萩原さちこ
2041	時計の科学	織田一朗
2052	カラー図解 はじめる機械学習 Raspberry Piで	金丸隆志

ブルーバックス 技術・工学関係書（II）

- 2056 新しい1キログラムの測り方 臼田孝
- 2093 今日から使えるフーリエ変換 普及版 三谷政昭
- 2103 我々は生命を創れるのか 藤崎慎吾
- 2118 道具としての微分方程式 偏微分編 斎藤恭一
- 2142 ラズパイ4対応 カラー図解 最新Raspberry Piで学ぶ電子工作 金丸隆志
- 2144 5G 岡嶋裕史
- 2172 スペース・コロニー 宇宙で暮らす方法 向井千秋監修 東京理科大学スペース・コロニー研究センター編著
- 2177 はじめての機械学習 田口善弘